營養師
的減醣
生活提案

獨家限醣
5階段
×
8大肥胖
案例破解
×
50道減醣
家常菜

趙函穎／著

Part 1

營養師的減醣飲食諮商課

Part 2

轉換減醣飲食，成功瘦身！

Part 3
50道絕對吃飽的減醣食譜

Contents 目錄

Contents 目錄

「減醣」：讓你一生都能享受美食的飲食計畫

江坤俊
長庚醫院副教授級主治醫師

　　肥胖在現代人的比例愈來愈高，已經變成文明病的一種，很多人都致力在減肥，特別是女性，減肥似乎是很多女性一輩子的志業。

　　減肥的人很多，但減肥成功的不多，就算減肥成功了，能保持不復胖的更少了，原因是什麼，其實大家都很清楚，就是選錯減肥的方法，可能太嚴苛了，根本無法長久執行，那復胖就再所難免了。

　　其實我個人也是肥胖的受害者，但我要先鄭重聲明，我年輕的時侯非常瘦，我的胖是職業病，但是我很善良，不會要求賠償的，哈哈哈。

　　我是一名外科醫師，整天不是開刀就是看診，沒有什麼時間運動，加上三餐常不定時又不定量，而且幾乎都是外食，最慘的是，早餐為了求方便快速，幾乎都是一杯奶茶搞定，這樣不變胖才奇怪了。

　　減肥的方法有很多，最難過的就是叫你節食，因為我一直覺得享受美食是人生最大的樂趣；我很樂見函穎寫了這本書，她教大家減肥不用挨餓，教我們怎麼樣吃得飽又能愈吃愈瘦，我想這才是減重能夠成功又持久的方法。

　　函穎是一位很認真又專業的營養師，她致力於減重飲食的推廣已經有很多年了，這本書是她執業多年的心血結晶，我很樂意向大家推薦這本書，希望有志於減肥的大家都能瘦得快樂又健康。

能吃，是一件幸福的事！

體弱多病，連醫師都覺得要吃一輩子的藥

我是一個早產兒，出生就有黃疸，還有氣喘和異位性皮膚炎，進出醫院在童年時期真的是家常便飯。還記得媽媽常常抱著半夜發高燒的我，衝進急診室的情景；而頻繁發作的異位性皮膚炎，抓得眼皮和手腳關節處皮膚潰爛並出血流膿，又痛又癢又難受，我到現在都還記得媽媽心疼的表情。那時候醫師常安慰我們，可能等過了青春期就會好轉，因此也只能持續擦著類固醇、吃著抗組織胺，期待之後體質轉變。但事與願違，到了國高中，我還是得幾乎每個月都去診所或醫院報到。

也許是這段跑醫院、吃藥如吃飯的經歷很痛苦，在考大學時，本有機會進藥學系，但我選擇了營養系作為第一志願，想尋求用食療的方式，用「吃」的把自己體質給「吃好」。

在北醫四年的求學生涯中，包含到醫院去實習的過程，讓我從膳食療養學和疾病營養學等專業科目中學到，透過營養的調理，真的可以改善體質，更發現高血壓、糖尿病、痛風、肥胖症候群等現代人的病症，其實都是「吃」出來的。後來我有機會到英國去深造，在唸碩士的期間，又讓我對於「營養治療的觀念」有了新的啟發。

好的營養素，可以改變體質

觀察歐美的飲食習慣，大多是先吃生菜沙拉，接著是肉類，最後是一些麵包（澱粉）；我在英國時研究了許多關於可以改善疾病的營養素，效果甚至比藥物還要來得根本能改善疾病，如：植化素、維生素、礦物質

等，這些也被列為是「21世紀的重要營養素」，不僅是遠離癌症的必備要素，也是避免肥胖的重要關鍵。

很多疾病的起因，其實是生活、飲食和壓力導致身體不正常的代謝，例如發炎反應。現代人習慣直接用藥物治好某些特定病症，然而卻忽略了從日常生活的根本去調整跟改善，正確補充適合的營養素，而不是加重身體負擔。

回國後，我在馬偕醫院擔任臨床營養師，主要負責的科目是糖尿病、中風、心血管疾病，以及精神科藥物造成代謝變慢的肥胖病人。後來有機會回到母校北醫，擔任癌症營養門診營養師，這個時期可以說是我自己人生的一個轉振點！

門診裡滿滿的大腸／直腸癌、乳癌的病患，聽著這些病人心碎又絕望的心聲，下診後是下午兩三點，再到病房去巡視住院手術的癌症病人，往往下班已經晚上十點了。那時常常三餐不正常，心情也很低落，有很多的無能為力，因為病人每週都需回診，但可能下一週只有家屬回來致謝，我也在那時深深體驗到人生的無常。因此，下班之後，我只想狂吃雞排配珍奶來抒壓——是的，營養師自己白天在教大家健康飲食，但只是說得一口好營養，自己完全無法執行，還是吃了很多垃圾食物。

而這樣的生活和飲食方式，也如實地反應在我的身體上：浮腫跟過敏還有體力下滑，甚至大病一場到沒有力氣講話！我了解無法再繼續這樣下去，因此我選擇離開了醫院，想要身口合一的真正當個「吃對營養、吃出健康」的實踐家，後來在離開醫院的這幾年，我真的做到了！很開心跟大家分享，我的過敏都好了！也不用三天兩頭跑醫院，朋友都說我看起來比之前精神更好更年輕（笑）。

飲食應該是「預防」，而不是補救

這十幾年的臨床營養生涯，我接觸了各式各樣的病患，有感於其實肥胖、糖尿病、高血壓及高血脂，甚至是癌症，都不可能因為某一天吃了什麼，就造成這些狀況，因此一定要回到最根本的，就是每天的飲食、運動，甚至是心態上的覺察跟改變開始做起。以目前的醫療體制來說，大部分都是「治療」，比較少「預防」，我想幫助更多「還沒有生病、但若不

改變的話，就有可能會往生病之路前進」的「亞健康」朋友，做飲食跟生活的建議跟調整，因此我成立了自己的營養諮詢中心，要用更生活化的方式，讓一般民眾可以更了解自己的體質，以及適合什麼樣的飲食運動跟生活方式，達到健康的目的。

為什麼會想出版這本《營養師的減醣生活提案》呢？其實是因為我好希望有更多更多的人，能夠了解現在就要改變飲食、改變生活、改變心態的重要性，因此將這幾年學習、執業的經驗和所學，集結成書，讓大家都能對於「飲食健康、生活健康」有更多的重視和理解。

除此之外，我也從來諮商的朋友身上發現，大家已經習慣每餐吃進大量精緻澱粉，占了每天攝取總量的80~90%！包含飯、麵和麵包，以及麵線、肉圓、蚵仔煎等等，這些也都是高醣食物；而我們用餐又非常方便，隨時隨地都可以買到炸雞排、滷肉飯、珍珠奶茶，而這些食物，全都是高油高醣。

當吃完這些食物之後已經差不多吃飽了，因此常常會忽略蔬菜的攝取量，或是認為吃水果可以幫助消化，就吃了許多水果，殊不知水果的含糖量也不低，吃多了一樣會造成血糖升高、三酸甘油脂過高的問題。

因此，在這本減醣生活提案中，我設計的五個減醣階段，是從一步步減少精緻澱粉開始，增加蔬菜的攝取量，把胃留給過去吃不夠營養的部分（膳食纖維、維生素、非精緻的粗纖維澱粉和優質蛋白質）。

而在日本行之有年的「糖質OFF」飲食，我自己親身體驗，並且從來諮商朋友的實際反饋中發現，這是一個符合我所想、也很適合現代人的健康飲食方式，將原本的澱粉類攝取減半，改為蔬菜類以及自己喜歡的肉類，每天可以吃得飽，還有滿滿的幸福感。減醣飲食除了能減少精緻澱粉攝取，增加膳食纖維和維生素等必需營養素之外，也可以改善現代人嗜甜如命的「螞蟻人」現況——其實根本不想吃，也不需要，但就是大腦發出「要吃」訊息的糖上癮症狀。

身體最誠實，只要有改變，成果一定看得見！

無論你是否覺得自己需要減肥，只要感覺最近很疲累、睡再多都無法恢復精神，或是便祕狀況嚴重，覺得整個人體力大不如前，都可以來嘗試

減醣飲食，因為這不只是單純的減重飲食，還是可以維持健康、養顏抗老、甚至能改善大部分亞健康狀況的自我保健法。

門診裡常常遇到很多朋友，過去在人生中，因為心態而影響到減肥成效，因此，我在書末設計了一個「減醣各階段生活飲食紀錄表」，提出每個階段進行時要注意的事項，除了一定要避免油炸，喝足夠的水之外，還包含你覺得開不開心、睡得好不好──因為，睡眠和心情其實是會影響減重成果，如果你用痛苦、充滿壓力的心情開始減醣，效果一定不會好；重點在於「你為自己做了什麼好棒的努力」，而不是自我懷疑「體重為什麼遲遲不下降」。

至於為什麼本書叫做「生活提案」呢？我發現很多人並不是「做不到」，而是一些生活和情緒上的壓力，讓自己覺得「不想做」，而我想再三地和大家說：減肥真的不是一件馬上就會有成果的事情，然而你的身體不會騙你，只要有做，它就會記得你怎麼對待它。千萬不要因為「一個月只瘦了1公斤」，就覺得「一定是我偷吃了餅乾、炸物」或是「這個方式對我沒效，還是算了吧」，就因此放棄。

我希望每位翻開本書的讀者，在看完之後，都能帶著開心、愉悅、充滿自信與自我肯定的心情，展開你的減醣生活。書中的50道食譜，全都是我精心設計、兼顧美味、又有充足膳食纖維的減醣好食，就算無法在家開伙，你也能從食譜的食材和料理方法中，學習到外食的減醣選擇；另外，我在書中也附上了「聚餐和外食的減醣挑食原則」，還有最常見的八種外食餐廳類型的點菜方式，相信各位可以在本書內找到詳細的方法，感受輕鬆自在、健康瘦身的心體驗！

晨光健康營養專科諮詢中心 趙函穎 院長

Part 1
營養師的減醣
飲食諮商課

每餐都能吃飽，
才有動力減重瘦身

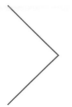

減醣，最適合這個時代的健康飲食

　　這十幾年營養門診的諮詢經驗發現，現代人的飲食其實出了很大的問題：高油、高鹽、高糖，上班族買外食雖然很方便，但卻充斥過多精緻澱粉、加工品和油炸物，及辦公室特有團購含糖飲料手搖杯、下午茶跟零食的文化。

　　分析國民健康署公布的「2013-2016年國民營養健康狀況變遷調查」會發現，不管是蔬菜、堅果油脂類，還是乳製品，約有8成的成人，每天吃不到建議攝取量，反倒是全穀雜糧類（醣類）跟豆魚蛋肉類，有5成以上的民眾吃得過多。

·················〈國民健康署建議的每日餐盤〉·················

營養師的減醣生活提案〈Part 1〉

這些食物吃太多！		這些食物吃不夠！	
豆魚蛋肉類	全穀雜糧類	乳品類	水果類
49%的人吃太多	53%的人吃太多	99.8%的人不足	86%的人不足
		蔬菜類	堅果種子類
		86%的人不足	91%的人不足

8成民眾營養失衡！

※以上資料來自國民健康署FB專頁 https://www.facebook.com/hpagov/。
「2013-2016國民健康署健康狀況變遷調查」

　　簡單來說，就是約有高達8成的民眾處於「營養失衡」的狀態，也難怪現代人有許多文明病都是「吃」出來的。像是肥胖、糖尿病、高血壓、高血脂，甚至是罹患率第一名的大腸直腸癌，都跟飲食脫不了關係！相信有許多朋友的早午晚三餐，常會是以下這樣的組合：

〈NG早午晚餐〉

早餐 ✗
蘿蔔糕／飯糰
鐵板麵＋奶茶

午餐 ✗
炸雞腿便當＋
含糖手搖飲料

點心 ✗
紅豆餅／雞蛋糕
蔥油餅

晚餐 ✗
炒麵／炒飯＋
熱羹湯

　　從上面常吃的飲食內容，你發現問題了嗎？這樣的食物組合，多屬於高度加工的食物，含有大量精緻澱粉（醣類）和添加糖。但身體該補充的膳食纖維、植化素、維生素跟礦物質等營養，幾乎都沒吃到！我常跟門診學生說，人體就是一台車子，每天賴以為生的食物就像是加油，車子要加98無鉛的汽油，你卻只加柴油，隨著車齡增長再加上每天勞累過度使用，車子就會拋錨給你看；同理，當我們每天都吃錯營養素，再加上現代人壓力很大，體內就會代謝失衡，肥胖只是剛開始第一步而已，接下來可能還有一堆病在等著你！不可不慎！

充滿精緻飲食的時代，需要改變傳統觀念

　　過去我在醫院擔任臨床營養師所提倡的觀念，是按照標準均衡飲食方式，建議碳水化合物（醣類）比例占總飲食熱量的55 %～60 %，豆魚蛋肉類等蛋白質比例只占總飲食的14%，其實說真的，已經不太符合現代人的飲食習慣了，比較像是過去傳統農家社會，大部分是吃飯配青菜豆腐，而雞鴨魚肉會在特殊節慶才有的奢侈搭配！

　　按照這樣的比例，蔬菜跟肉在餐盤上的比例都只有一片跟一小

格，而白飯就會占大部分，如果有讀者自己或是家人曾經住過院、訂過醫院的治療餐，就會知道我的意思了。每次巡病房，都會有糖尿病和中風的病人，常會跟我說：「營養師啊……那個醫院的餐完全吃不飽耶！而且沒味道好難吃（因為三高病人都設定低鹽餐），我怕住院營養不夠、體力不足不能戰勝病魔，就偷偷買別的東西吃了。」

這時候其實我都會覺得好氣又好笑，好笑的是病人們很可愛，坦白又誠實，氣的是這樣沒味道又吃不飽的餐食，對病人真的好嗎？一味注重學理上的營養比例，但是卻忽略了現代人的心理狀態，已經習慣吃很多肉跟重口味的我們，無法接受醫院的標準均衡飲食，吃不飽結果就是忍不住去亂買東西吃，造成吃了更多油脂、精緻澱粉的問題發生；出院回家之後，因為已經對所謂「標準飲食」心生抗拒，更不可能照醫院營養師安排的飲食執行，導致本來可以用「吃」來預防的慢性病卻更加惡化。

找到適合自己的飲食法，才能吃一輩子保健康

我一直相信：「既然肥胖跟三高的大部分起因都是因為吃錯食物，那我們就更應該用吃對營養把健康吃回來！」抱持著這個信念，我研讀了這幾十年各國的營養飲食研究文獻，總結發現我們的鄰近國家——日本，這十年來有許多醫學博士跟營養師都在提倡的「糖質OFF飲食法」（減醣飲食），跟我的理念竟然不謀而合。

什麼是減醣飲食呢？做法是適度調整三大營養素的比例，把過去認為每天吃最多的碳水化合物降低，稍微提高蛋白質、油脂的比例，

搭配大量蔬菜膳食纖維，這樣的飲食配置，反而能讓人更有飽足感，是一個比較符合亞洲人目前的飲食習慣，還可以兼具健康跟美味。

我也在我的臨床減肥個案實際執行了6年，比起傳統一味限制熱量的高碳水飲食法來說，「減醣飲食」的成功比例達八成以上，且沒有因為這樣的飲食讓血脂肪升高（在營養師的協助下），個案抽血報告反而都是往健康無紅字的數值邁進！因此，我認為這或許是目前看起來最能符合現代人的飲食習慣，能長久執行又可以維持健康，不傷身又有效的飲食法。

國民健康署在2018年最新版的「每日飲食指南」中，提出三大營養素應占每日攝取總熱量的比例是這樣的：

1　碳水化合物（醣類）：占50～60％，約為總熱量的一半。這是供應身體熱量的主要來源，飲食來源為澱粉類和水果、蔬菜、奶類。

2　蛋白質：約占10～20％。飲食來源以豆、魚、肉、奶、蛋為主。

3　脂肪：約占20～30％。以動物性及植物性油脂為主。

至於我所提倡的「減醣飲食」，以及這幾年受到很多民眾關注的「生酮飲食」，比例分配如下：

飲食名稱	三大營養素比例		
	碳水化合物（醣類）	蛋白質	脂肪
均衡飲食	50~60%	10~20%	20~30%
生酮飲食	5%	20%	75%
糖質OFF飲食	每日攝取70~130g，三餐各20~40g，點心10g	無特別限制	無特別限制
減醣飲食	20%~40% (75g~150g)	20~35%	25~40%

想減重，絕不能挨餓！每餐都吃飽，才有動力繼續瘦

　　過去對於減肥我們常聽到的觀念，多半是想減肥成功你一定要「少吃多動」，認為只要吃進食物總熱量，少於身體活動所消耗的熱量，就可以一直瘦瘦瘦。所以想減肥的女孩兒們，天天瘋狂的計算卡路里、養成小鳥胃，每天都在節食瘦身。而且用這樣的方式一定要非常有毅力，還要有恆心，因為只要不堅持，稍微幾天吃多了，脂肪就會馬上完完整整的全部囤積回來。我在門診常見到許多女生還會因此產生許多負面的情緒，像是很後悔、很有罪惡感進而去催吐，還有一些人覺得自己是個失敗者，自信心大失，從此就自暴自棄不想再減肥。

節食會養成「易胖體質」！千萬別再這樣做

　　其實，我要告訴大家，用這種斤斤計較計算熱量、每天恐怖節食的低卡路里減肥法，減肥失敗真的不是你的問題，只是遲早的事情！隨著我們年紀愈大，新陳代謝愈來愈差，「節食」只是一種最容易讓你失去信心、然後自暴自棄的減肥法！

為什麼我會這麼說呢？因為造成我們會發胖的原因很複雜，除了飲食不均和營養不良之外，腸道排便順暢度、睡眠品質、女性生理期的經血量、生活的壓力指數、運動多寡、體型體質、身體年齡和是否有新陳代謝內分泌失調問題，甚至情緒性暴食等都會影響，絕對不是卡路里加加減減這麼簡單。

我曾在門診遇過一位35歲的媽媽，餐餐精算卡路里，忍受飢餓，不敢和先生、小孩吃一樣的食物，就怕吃進太多熱量變胖，三餐只吃三片蘇打餅乾跟黑咖啡。雖然第一週瘦了快3公斤，但每天情緒很暴躁、看什麼都不順眼，經常和老公吵架、罵小孩，家裡的氣氛烏煙瘴氣。

結果第二週還沒過一半，那位媽媽就因為實在餓到受不了而破戒，開始狂吃。一回到正常飲食的狀態，體重一週甚至還比一開始胖了2公斤，讓她整個人更憂鬱難受，情緒盪到谷底。這個媽媽後來又試了一週，三餐只吃三片蘇打餅乾跟黑咖啡，沒想到1公斤都沒掉，再加上整整一週都便祕，整個大崩潰。

這是非常典型惡性節食失敗的案例，因為真的很餓很難堅持，而且只要一回到正常飲食，肥肉就會再次跑回來，不僅僅是這樣，還會養成「易胖體質」，因為身體已經學習記憶了，下次當再節食，效果就不如第一次執行的好，只會反覆失敗、愈減愈肥。

愛吃甜點，你已經有「糖上癮症」

攝取過量高度加工的精緻澱粉，再加上現代人運動量少，真的很

容易發胖。因為當人體攝取過量精緻碳水化合物時，血液中的血糖濃度會快速上升，使胰島素大量分泌，促使糖分轉化成脂肪儲存於體內，形成體脂肪。而過多的體脂肪，正是讓人體態發福、變胖的關鍵。

〈 精緻碳水化合物累積體脂的過程 〉

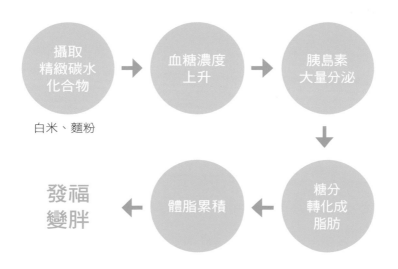

常見的精緻碳水化合物，例如蛋糕、蘿蔔糕、蔥抓餅之類的食物，也常常伴隨有高油脂的問題，讓人吃多不胖也難。不僅是發胖問題，還有可能患有很難戒斷的「糖上癮症」。許多國外臨床研究發現，經常吃精製加工含糖食物，容易讓人對甜食上癮，而且不吃會很焦慮，一吃又停不下來，身體不斷的需要糖分，但糖讓血糖很快上升又下降，馬上產生飢餓感、又想再吃。不只是甜食，如果你常吃同時

含有高碳水化合物合併高脂肪的食物，大腦會更容易著迷，結果對這些食物更加欲罷不能，特別是壓力大的時候，會更想吃這類食物抒壓，更加容易讓身體跟心情都失控。

肥胖不是「吃太多」，是吃錯導致「營養不良」

每餐都能吃飽，才會讓人有想要繼續瘦下去的動力。我們的身體真的很奇妙，當給細胞充足的營養，其實是不容易會有飢餓感的，所以如果你常常都有飢餓感，常常都想吃，要覺察留意一下，是身體真的「需要」還是只是大腦「想要」，吃錯營養素會造成一直有飢餓感，那我們就試著找到適合自己的營養補充跟飲食的方式；但若是大腦一直想吃，肚子其實飽飽的，那我就會建議，要好好的去抒解壓力，有可能是特定的事件，讓你造成情緒暴食的壓力胖。

肥胖，其實也是一種營養不良，當錯誤的飲食習慣導致身體營養不夠、缺乏原料的情形下，就無法順利新陳代謝，進而堆積肥肉。因此，只要學會給身體營養、吃對食物，讓身體都飽飽的，不用餓肚子、不用節食，也能輕鬆享「瘦」。

我認為減肥「不需要再斤斤計較計算熱量」，因為永遠也算不準確，每個季節的食物營養成分都會略有差異，而且許多添加物跟不同的烹調方式，都讓營養素難以計算，再加上現在市售商品的營養標示也不一定準確，所以大家可以不用太執著，真的要算營養成分，大概抓一下就可以了，完美主義只會累死自己，並不會讓你的減肥計畫加速成功。

如果你一直反覆減肥失敗，不妨來試看看風靡歐美和日本的糖質OFF飲食，除了可以每餐都吃飽之外，還可以讓你吃得很開心，再搭配個人化的飲食作適當的調整菜單，我認為這個是相對適合現代人的最佳減肥瘦身方式，甚至是可以開心執行一輩子健康飲食的生活方式。

用減醣飲食，讓你長久又健康地瘦下來

節食、精算卡路里減重 😣	穎養師的減醣瘦身 😊
每一餐、每一口 都需要精算熱量	掌握醣質攝取量，每餐飲食類別抓比例 （菜：肉＝2：1）即可
常常吃不飽，忍餓	餐餐都能吃到飽
對抗飢餓和食欲，情緒暴躁	正確飲食又吃得飽，精神飽滿
先減掉肌肉和水分	減少形成體脂的碳水化合物攝取，確實減脂
內分泌失調、生理期不來、掉髮	頭髮皮膚都健康，甚至連過敏都消失
難以持續，容易復胖	能持續一輩子的瘦身法

營養師小叮嚀

減醣瘦身餐餐都能吃到飽，不過請注意！不是炸物&燒烤吃到飽喔！食物的烹調、料理方式也必須要注意，否則以為自己減醣了，卻在不知不覺中透過調味料攝取更多醣類、透過油炸攝取不佳的油脂！

只有想要減重的人，才需要減醣飲食嗎？

對於現代人的過食、飽食、精緻食的飲食習慣，低醣和減醣我認為是目前來說較容易執行，且符合亞洲人的飲食法。但也有人想問，如果沒有減重瘦身的需求，平時食量不算大、也不算重口味，那麼還需要減醣嗎？

其實，我常跟門診學生說，當你開始改變飲食，調整生活型態，會體驗到精神變好、工作效率提高、排便愈來愈順暢且開始感覺愈來愈年輕，而瘦身減重只是美妙的附加價值而已。當身體因為減低碳水化合物的攝取，就更有胃口跟容量可以補充平日常被忽略的營養素，如：膳食纖維、維生素、礦物質跟適當的蛋白質跟好油脂，身體會回饋你更多好處，就等待你來發掘，只要掌握可以吃飽、開心、精神好的營養補充方式，就是能維持一輩子的健康飲食法。

我需要立即開始減醣飲食嗎？

※有以下任一項就建議開始執行

身體各項數值檢測

1　BMI超標：BMI（BodyMassIndex）身體質量指數超標，體重（Kg）／身高（㎡）數值≧24。

2　腰圍過粗：男性≧90公分、女性≧80公分。

3　內臟脂肪超標：標準的數值為女性2～4，男性4～6，數值大於≧10要特別小心！

4　體脂肪過高：30歲以下男性≧20％、女性≧25％，30歲以上男性≧25％、女性≧30％。

5　三酸甘油酯超標：血液中的三酸甘油酯（低密度膽固醇LDL-C）濃度≧130mg/dl，總膽固醇濃度≧200mg/dl。

6　代謝症候群：Ⓐ 腹部肥胖、Ⓑ 血壓偏高、Ⓒ 血糖偏高、Ⓓ 三酸甘油酯偏高、Ⓔ 低密度脂蛋白膽固醇偏高——只要上述 Ⓐ ～ Ⓔ 五項中滿足三項，就有代謝症候群的問題。

7　脂肪肝：肝臟細胞脂肪含量≧5％，被醫師診斷有脂肪肝。

8　婦科相關問題：多囊性卵巢、生理期亂經、經血不規則等。

生活和飲食習慣檢測

9　糖上癮現象：每天都要喝一杯含糖手搖飲料，愛吃麵包、蛋糕等糕餅類食物，吃不到會很憂鬱或焦慮。

10　甜食控：包包裡常備有糖果、餅乾、巧克力之類的零食。

11　嗜睡：早上總睡不飽、起不來，午飯後昏昏欲睡。

12　飲食不均：三餐無法定食定量，經常囫圇吞棗的亂吃。胃痛、胃食道逆流。

13　記憶力減退：開始記憶衰退，可能是吃太多精製糖。

14　輪班睡眠不正常：需要加班、輪夜班。

15　應酬喝酒：工作常需要應酬、喝酒、吃宵夜。

16　慣性熬夜：熬夜會讓肝臟運作失常、影響胰島素作用，使吃進肚子的醣類更容易轉化成脂肪儲存。

17　便祕：排便不順，一個禮拜排便次數少於三次。

18　水腫：喜歡吃重口味食物，導致水分代謝、血液循環差。

19　頭暈貧血：老是精神不濟、整個人懶洋洋，做什麼都提不起勁、頭昏腦脹、思緒不佳。

20　暴飲暴食：壓力大、感覺疲勞時，喜歡用大吃、大喝來發洩情緒。

營養師的
減醣飲食五階段

〈第一階段〉均衡攝取期

　　畢竟羅馬不是一天造成的，如果一開始就要大家立刻進行減醣飲食，大概第一時間只會得到反彈，讓瘦身計畫很難繼續下去。所以在正式進行減醣飲食前，我會建議大家先養成正確的營養觀念，改變過去錯誤的飲食習慣，為接下來的減醣階段做準備。

＊第一步：執行無糖飲食。以白開水取代有糖飲料，每日建議飲水量為體重（公斤數）乘以30c.c.。如果初期沒辦法適應沒有味道的開水，可以選擇無糖氣泡水、無糖茶替換，或是自己動手做檸檬水和水果水，珍珠奶茶和啤酒就別碰了。

＊第二步：不碰蛋糕、洋芋片、餅乾，還有糖果之類的糕餅、甜食。這些食物的主要原料多有含糖量高的問題，製造過程中常加入大量的反式脂肪、添加糖。

＊第三步：減少白色澱粉的攝取。白色澱粉指的是經過高度加工、膳食纖維含量少的精緻碳水化合物。例如，白飯、白麵條、白麵包等，食用後容易導致血糖飆升，造成胰島素敏感度

下降、分泌不足，引發代謝異常問題。

＊第四步：增加蔬菜食用量。現代人在三餐外食下，常會忽略蔬菜的攝取，建議每天要吃3～6份蔬菜，也就是每餐吃足1～2個拳頭大的蔬菜，補充植化素和膳食纖維，增加飽足感。

＊第五步：增加蛋白質的攝取。除了遵守國健署「每日飲食指南」的豆魚蛋肉的建議外，對於有減重需要的人來說，更要避免攝取香腸、熱狗、火腿等加工肉製品。改吃完整的肉塊，或選擇雞肉、魚肉、海鮮等白肉，以及植物性的蛋白質，像豆腐、豆漿、豆干等黃豆製品，降低飽和脂肪的攝取。

＊第六步：少吃油炸食品、高度加工食品、重口味食物。遠離油炸物，還有常加入澱粉、賦形劑的加工丸餃類，以及經勾芡、乳化處理的醬油膏、辣椒醬、辣椒油等調味料。避免鈉離子攝取過量，同時減少肝腎代謝負擔。

〈第二階段〉碳水減量期：每日醣質攝取150g

在養成基本的飲食好習慣後，就可以開始將每天攝取的碳水化合物總量，從佔總熱量的55～60％，降低到40％。以正常成年人換算，就是把原本每天攝取200～225公克碳水化合物的分量，降到150公克左右。

這個階段在主食（碳水化合物）的挑選上，建議除了避開白色澱

※各階段的醣質攝取建議，以減重飲食每天1500大卡為基準。

粉。可以改成用地瓜、馬鈴薯、南瓜、山藥等全穀根莖類，或是糙米、紅豆、綠豆、燕麥、藜麥之類的五穀雜糧，來代替精緻白飯、白麵條。

早餐 ▶▶▶ 醣質75g　　午餐 ▶▶▶ 醣質45g　　晚餐 ▶▶▶ 醣質30g

參考飲食組合：

早餐：總匯漢堡1個＋無糖豆漿1杯＋茶葉蛋1顆＋小番茄1碗。

午餐：地瓜（小）1根＋3拳頭大的蔬菜＋豬里肌肉捲1份（P.120）。

點心：毛豆椰奶酪（P.192）。

晚餐：彩椒豆干肉絲1份（P.128）＋雞肉咖哩薑黃花椰菜飯1份（P.80）。

營養師小叮嚀

點心醣質計算合併在午餐，下午沒有吃點心習慣的朋友，可在中午搭配點心。

〈第三階段〉積極燃脂期：每日醣質攝取110g

將一整天的碳水化合物量，減少到占總熱量的35～40％左右。約

就是把每天攝取的醣質降到110g。因為在體內有大量醣質的情況下，會優先燃燒醣類，把它轉化成身體運作需要的能量，等到燃燒完，才會開始燃燒身體的脂肪。

所以透過積極降低飲食中碳水化合物的總攝取量，讓身體處於沒有太多醣類可以燃燒的狀態，搭配適當的運動，能幫助啟動身體燃脂機制、甩掉多餘的體脂肪。

建議三餐分配量

早餐 ▶▶▶ 醣質50g　　午餐 ▶▶▶ 醣質35g　　晚餐 ▶▶▶ 醣質25g

參考飲食組合：

早餐：鮪魚玉米蛋餅1個＋無糖豆漿1杯＋木瓜1份。

午餐：地瓜1根＋2個拳頭大的蔬菜＋番茄菇菇松阪豬1份（P.122）。

點心：雞蛋布丁（P.188）。

晚餐：櫛瓜麵1份（P.092）＋2個拳頭大的蔬菜＋酪梨醬香煎雞腿肉1份（P.116）。

營養師小叮嚀

積極燃脂期，一定要搭配適當運動，以有氧為主，運動量以運動後不會想大吃為原則。

〈第四階段〉突破停滯期：每日醣質攝取75g

執行減肥計畫一段時間後，生理機能在習慣健康飲食下，基礎代謝、新陳代謝速率會趨於穩定，容易陷入減重停滯期，也就是體脂肪、體重不動的情形。所以為了重啟身體燃脂，建議可以試著再把醣質攝取再減量，將每日碳水化合物降至總熱量的20%以下。

建議三餐分配量

早餐 ▶▶▶ 醣質35g　　午餐 ▶▶▶ 醣質25g　　晚餐 ▶▶▶ 醣質15g

參考飲食組合：

早餐：地瓜1根或玉米半根＋高纖無糖豆漿1杯＋火龍果（紅）1份。

午餐：豆腐飯1碗（P.102）＋2～3個拳頭大的蔬菜＋蒜炒櫛瓜雞腿肉
　　　（P.112）。

點心：起司切塊或涼拌黑胡椒毛豆。

晚餐：魚片豆漿鍋（P.170）。

營養師小叮嚀

注意！每人每天最低要攝取50g的醣質，以維持大腦的日常運作，否則容易感到頭暈、疲勞，顧及平時還要工作，因此突破期的攝取量是75g／一日，也不適合長久執行，最多吃一週，就要恢復第三階段的「積極燃脂期」飲食。想加速突破停滯期，可搭配適量肌力訓練，不過度撕裂肌肉，以不受傷為原則，切莫跟別人比較一定要做幾組，重點是找到屬於自己可負擔平衡的量才好喔！

〈第五階段〉平穩維持期：每日醣質攝取130g

減肥、維持好身材是一輩子的事情，所以一定要選擇讓自己感到輕鬆不會費力的方式，舒服、自在的讓健康飲食融入日常生活。平穩維持期，建議把每天攝取的醣質維持在130g。

建議三餐分配量

早餐 ▶▶▶ 醣質65g　　午餐 ▶▶▶ 醣質35g　　晚餐 ▶▶▶ 醣質30g

參考飲食組合：

早餐：切邊全麥總匯三明治1個＋無糖茶1杯。

午餐：味噌豆腐飯（P.104）＋番茄菇菇松阪豬1份（P.122）。

點心：枸杞紅棗黑木耳養生飲（P.180）。

晚餐：香煎牛小排（P.132）＋3個拳頭大的蔬菜。

營養師小叮嚀

維持期可以設定一週1到2天的美食日，讓自己拋開所有的限制，認真的跟朋友家人聚餐，畢竟人生還是需要一些美食來刺激跟放鬆，隔天再繼續加油，身體仍然會繼續該有的新陳代謝，都是沒問題的喔！

找出自己的身體使用手冊，用舒服的節奏瘦下去

減重一定會有停滯期，這5個階段，有些人只花兩個月，有人走了整整一年，不用太過勉強自己，不用跟他人比較。如果你已經有一些疾病正在服藥，或是有個人體質遺傳比較特殊的問題，建議還是要來找營養師跟醫師們，做完整的評估再執行新的飲食會比較安心。

不小心吃超過每個階段的限醣量怎麼辦？千萬不用太沮喪，不管是誰，在開始改變已經習慣了多年的飲食習慣，一定會有一段不適應的陣痛期。當不小心因為想吃，或是剛好外食超量破戒了也沒關係，只要在下一餐重新開始就可以了，重點是不要自我批判、接納當下破戒的自己，持續「想要減重、想要健康」的意願，多喝水，多補充蔬菜，睡個好覺或是運動轉移一下心情，慢慢拉回軌道就好。

我們的身體不是機器，任何改變都該「循序漸進」，並按照個人的狀況、體質去調整。最重要的是，想要減肥成功要在心理滿足的情況下，身體才會願意持續進行，往健康、良好的體態邁進。

減肥是一輩子的事情，把自己逼得太緊，反而會讓你因為壓力而容易放棄。建議大家在開始減醣時，一定要紀錄每天的飲食，若覺察到自己在某些時候常破戒、吃過量，試著發現有沒有共通的慣性，甚至可以試著找出你個人特有的行為模式，作為一直瘦不下來的關鍵解套之鑰。如果在飲食紀錄裡發現失敗的原因：是忍不住偷吃零食、甜點，代表正餐吃的不夠多，可以適當的增加份量，實實在在的吃飽，也可以多準備一些減醣點心：無糖高纖豆漿、起司、滷味蔬菜等，餓了、嘴饞或壓力很大想暴食的時候吃一點，也是很好的方式。

聚餐、外食的時候，維持減醣飲食的6大原則

原則1：選選擇加工少，看得出食物原始樣貌的碳水化合物。例如，蒸／烤地瓜、馬鈴薯、南瓜、山藥、玉米等含纖維的根莖類澱粉。

原則2：挑選烹調方式簡單的料理。一般來說，烤、蒸、煮、涼拌的料理，含醣量比起油炸、勾芡、糖醋及紅燒作法的食物來得低。

原則3：不點果汁、含糖飲料跟汽水，多喝店家提供的檸檬水、無糖茶，不但可以補充綠茶多酚跟維生素C，也更健康。

原則4：拒絕酒精飲料。酒類飲品含糖量不少，且酒精會增加肝臟負擔，影響脂肪代謝。

原則5：每餐至少吃2～3種以上蔬菜。可以多點一些沙拉、炒青菜、蔬菜湯的料理，幫自己健康加分。

原則6：學會分享跟挑食。和親朋好友一起分享餐食，特別是甜食、蛋糕，一人一口感情更好；聰明挑食，避免精緻澱粉的代表：飯、麵、水餃等，也是避免減醣飲食破功的好方式。

依照餐廳類型挑選減醣食物

(1) 自助餐　　　　　　　　　　〔推薦指數〕★★★★★

自助餐的菜色多元，選擇性也比較豐富，是很適合減醣飲食的選擇。

1. **主食澱粉**：優先選擇糙米飯／五穀飯或地瓜飯，而且只吃1／2碗，或依個人食量減半。

2. **蔬菜**：挑選各種顏色的蔬菜2～3樣，盡量避開有包裹麵衣油炸、勾芡的蔬菜。

3. **蛋白質**：可以挑巴掌大的蒸魚／煎魚，或是滷肉／滷豆腐。

4. **湯品**：選擇清湯來喝，海帶湯／蘿蔔湯／紫菜蛋花湯都很好。

(2) 小吃攤（便當店、麵店）　　　〔推薦指數〕★★★☆☆

小吃攤的重點就是避開炒飯、炒麵、炒米粉、燴飯之類的主食，多吃些燙青菜、滷味小菜、清湯。

1. **主食澱粉**：不點麵飯。

2. **蔬菜**：點盤燙青菜，滷味小菜首選海帶／涼拌小黃瓜／泡菜。

3. **蛋白質**：可以切些豆干／豆皮、滷蛋、來塊豆腐，或一份嘴邊肉／海蜇皮。

4. **湯品**：青菜豆腐湯／味噌湯／餛飩湯／牛肉湯。

（3）吃到飽

〔推薦指數〕★★★★☆

其實吃到飽因為菜色種類選擇多、海鮮多元，更能選擇、搭配出合適的減醣飲食組合。

1. **主食澱粉**：避開義大利麵、燉飯、焗麵之類的精緻澱粉。

2. **蔬菜**：多吃不同顏色的蔬菜或生菜沙拉，菜的分量要比蛋白質目測分量多一點。

3. **蛋白質**：蝦、螃蟹、牡蠣、蛤蜊、干貝等海鮮，或是烤牛排、烤雞等，都是能吃回本又美味的選擇。

4. **湯品**：選牛肉清湯或海鮮湯、蔬菜清湯，只要非濃湯類的都可以。

5. **飲料**：別碰果汁、奶昔、奶茶之類的含糖飲料，可以選無糖的紅／綠茶、花草茶，或選無糖氣泡水。

6. **甜品**：可以吃一小份的奇異果、藍莓、葡萄、鳳梨等新鮮水果。冰淇淋、蛋糕這些甜點，其實在執行減醣飲食的過程，就漸漸也不會想吃了，因為身體已經慢慢習慣。如果真的想吃，可以和家人朋友分著吃幾口，有滿足的感覺就好。

（4）義式／美式餐廳

〔推薦指數〕★★★☆☆

西餐料理是減醣飲食的好夥伴，只要避開披薩、義大利麵都很好。

1. **主食澱粉**：不點義大利麵跟披薩，改點排餐。點漢堡時，少吃一片漢堡麵包。

2. **蔬菜**：生菜沙拉、烤蔬菜都是很棒的蔬菜來源，可多吃。

3. **蛋白質**：牛排、豬排，花枝、海鮮等主餐都是很好的選擇。

4. **湯品**：選牛肉清湯、海鮮湯、或蔬菜清湯，注意要避開濃湯類。

5. **飲料**：不要喝酒，可以選檸檬水、無糖茶，或黑咖啡。

6. **甜品**：甜點盡量不吃，或是和親友分享吃一兩口嚐鮮。

（5）火鍋店 〔推薦指數〕★★★★★

火鍋減肥法是我的最愛，除了蔬菜多，食物直接用燙的，健康少負擔。

1. **主食澱粉**：不要飯、麵、冬粉。

2. **蔬菜**：火鍋拼盤本來蔬菜就多，請店家把加工丸及餃類也換成蔬菜。

3. **蛋白質**：只要不是加工的魚丸、貢丸、煙燻培根，選擇肉片及海鮮都很好。

4. **湯品**：選擇昆布、海帶湯底，若是沙茶鍋或麻辣鍋則不喝湯。

5. **沾醬**：醬料建議可以多加蔥、蒜、辣椒或白蘿蔔泥之類的辛香料提味，不加勾芡類醬料，如沙茶醬、豆瓣醬、豆腐乳。

（6）熱炒 〔推薦指數〕★★★★☆

熱炒店選擇多且出菜快，可以點很多蔬菜跟肉，只要烹調方式不是油炸、勾芡、及糖醋類的都很適合。

1. **主食澱粉**：不點白飯、炒飯、炒麵、燴飯、粥等主食，改成多點幾道菜分食。

2. **蔬菜**：炒水蓮、炒時蔬、生菜沙拉都很好。

3. **蛋白質**：麻油松阪豬、蒜泥白肉、蔥爆牛肉、白斬雞、涼拌海鮮，選擇多元。

4. **湯品**：蛤蠣湯、蚵仔湯、下水湯、青菜豆腐湯、魚湯等清湯。

（7）速食 〔推薦指數〕★☆☆☆☆

減醣過程中進速食店也可以，但點餐要注意的事項比起其他外食餐廳多，地雷食物也多，一定要多注意。

1. **主食澱粉**：如果點漢堡的話，建議至少拿掉一片漢堡麵包，吃完裡面的肉和蔬菜。別碰薯條、薯塊。

2. **蔬菜**：搭一份生菜沙拉，或是不點漢堡，改點份雞肉沙拉。

3. **蛋白質**：選烤雞比炸雞好、或炸雞去皮。

4. **湯品**：不建議喝玉米濃湯，優先點番茄蔬菜湯。

5飲料：避開可樂、汽水，改點無糖的茶或無糖黑咖啡。

（8）便利商店 〔推薦指數〕★★★★★

到處可見的便利商店，往往是外食族最方便的首選，認真挑食可以輕鬆減醣。

1. **主食澱粉**：地瓜、玉米都很棒。

2. **蔬菜**：生菜沙拉、溫沙拉、關東煮蔬菜。

3. **蛋白質**：茶葉蛋、糖心蛋、蒸蛋、豆干、毛豆、雞腿和雞胸肉。

4. **湯品**：沖泡海帶芽湯、沖泡味噌湯等清湯。

5. **飲料**：無糖高纖豆漿、無糖的茶或黑咖啡。

Part 2

轉換減醣飲食，
成功瘦身！

8種不同肥胖類型的
減重成功案例

案例 1

甜食失控型肥胖

戒不了點心，甜點停不了口

Profile

30歲的女性，工作是行銷企劃。雖然體重54公斤，不算胖，但是體脂率卻高達32%。最多一天可吃3個菠蘿麵包，包包裡隨時都有小餅乾、巧克力跟糖果，幾乎只喝全糖手搖飲料，很少喝水。

　　盈珊（化名）是一位個子嬌小的都會型女生，打扮相當時髦、亮眼，她穿著剪裁寬鬆流行的西裝外套跟褲子，光看外型一點都跟胖扯不上邊緣。可是當我請她站上體脂計時，卻發現身高158公分、體重54公斤的她，內臟脂肪指數高達8！一般來說，這年齡的女生數值會在3至5之間，她是名副其實的「泡芙人」。

　　在我和她說明這些檢查數字代表的意義後，盈珊也相當緊張，直問：「營養師，這樣還有救嗎？」為了安撫她的情緒，我要她別擔心，讓我們先來弄清楚，究竟飲食習慣上哪裡出了問題，才會有這樣的結果。

過量的甜食和全糖飲料，泌尿道發炎好不了！

原來，現年30歲擔任行銷企劃人員的盈珊，從小就是個嗜甜、愛吃糖的「甜螞蟻」。家裡櫥櫃、辦公室抽屜，甚至包包裡，更是隨時都放滿巧克力、餅乾、糖果、麵包等零食。常被同事戲稱她是個「移動式點心櫃」，只要有她在就不怕沒食物，最高紀錄甚至可以一天三餐之外，連吃三個波蘿麵包當點心。

尤其是每當提案、壓力大時，更喜歡和同事一起訂手搖杯飲料，而且幾乎只喝全糖，很少喝白開水。一直到最近，因為反覆泌尿道發炎、感染，怎麼吃藥、看醫生都好不了；甚至連骨盆腔都發炎，吃抗生素吃到怕、擔心之後影響生育，才趕緊正視面對這問題。

在了解盈珊的飲食習慣後，我發現她除了精緻糖攝取過多外，每天攝取的食物含糖量也相當驚人，已經有「糖上癮症」了。她也說自己很清楚減肥要戒零食跟餅乾，但覺得一天沒有甜食就像是吸不到空氣，會死掉的感覺。

好吧！我認為要減肥成功，一定要開心、不能痛苦，才會成功，畢竟羅馬不是一天造成的，若要她「從明天開始絕對不能吃任何麵包和餅乾、以及馬上戒甜飲」，我想她應該執行不了，因為這也實在太強人所難。

因此，我先把盈珊喜歡的下午茶點心波蘿麵包，換成烤地瓜或水煮玉米，既有醣質，吃起來也甜甜的，讓大腦和味覺認為「今天也有吃到醣喔」，慢慢的也把蛋糕、餅乾等零食換成糖份較低的黑巧克力。

全糖手搖飲料改自製水果水，衣服尺寸小兩號！

而盈珊還有每天一杯含糖手搖飲的習慣，我先讓她換成喝低糖高纖豆漿，補充營養之餘，微甜又帶有纖維的豆漿飲品，讓她有飽足感，另外也建議她多補充白開水，幫助代謝脂肪。

但是，盈珊一聽到要喝白開水，很苦惱地跟我說：「營養師，我真的很不喜歡開水的味道，難道沒有別的選擇嗎？」於是我建議她自己做「漂亮的水果水」，把檸檬片、蘋果、鳳梨、葡萄等當季、帶有酸酸甜甜滋味的水果，切塊或戳洞放進漂亮的透明玻璃瓶，再倒入飲用水浸泡15~30分鐘，讓水帶有水果香氣、也可另外放入薄荷葉增添風味。

這樣的自製水果水，竟然意外的讓盈珊愛上喝水，她每天都拍了漂亮不同顏色水果水給我看，甚至她的衣服也跟水果的顏色很搭，真讓人覺得賞心悅目。

而盈珊在慢慢戒掉吃甜食、含糖手搖飲的習慣後，她的胃裡不再塞滿沒營養的零食餅乾，取而代之的是很多的蔬菜、好的蛋白質跟富含纖維質的根莖類澱粉。近半年的堅持下，不僅泌尿道發炎感染的頻率也漸漸減少，她的內臟脂肪也從原本的8更回到標準的3，不只身體變輕盈、體力提升，衣服尺碼更從L號減至S，足足小了2個尺寸，身體也不再受甜食控制，而是想吃的時候選擇性的吃。

穎養師の
快｜瘦｜教｜室

瘦身重點	☑ 把麵包、蛋糕等點心，換成烤地瓜、烤水煮玉米；餅乾等甜食，換成黑巧克力。 ☑ 手搖飲料改喝低糖高纖豆漿。 ☑ 每天喝2000c.c的水，自製「水果水」，拍照打卡上傳社群，增加動力。 ☑ 讓胃裡充滿該吃的蔬菜蛋白質跟好的澱粉營養食物，取代甜食零食。
成果	▶▶▶ 半年內，內臟脂肪從8降至3，衣服尺碼從L變成S。

水腫型肥胖

飲食重口味，任何食物都要加人工調味料

Profile

28歲的OL，因聽聞吃辣可以減肥，不管是吃湯麵、水餃等各種食物，總要加上幾大匙辣椒醬、辣油才過癮。沒想到，卻因此越減越肥，還飽受水腫困擾。

28歲的宜臻，一見到我的時候，就急著訴說自己的苦惱：「函穎營養師！我最近水腫好嚴重，老覺得小腿腫脹，不僅褲管變緊；早上出門穿鞋子的時候，更明顯感覺鞋子好像小了一號，該怎麼辦……」

聽信「吃辣減重」偏方，不瘦反胖！

在仔細確認她腎臟沒有問題後，原來身高152公分，體重60公斤的宜臻，因受邀擔任伴娘，為了在3個月後能朋友的婚禮上亮麗登場，在網路上看到別人分享，吃辣可以幫助促進新陳代謝、燃燒脂肪的說法，讓從小就熱愛重口味食物、喜歡吃辣的她開心不已！

於是連續兩個禮拜，不管是吃湯麵、水餃等各種食物，她總是要加上幾大匙辣椒醬，就是希望可以藉此瘦身成功。但沒想到是，持續兩週後，體重不減反增，還胖了2公斤，來到歷史新高的62公斤，不只是體重增加，連小腿也腫脹的不得了，連已經買好要在朋友婚禮上穿的高跟鞋都已經穿不下。

當我問到她每天喝多少水時，宜臻說：「我怕水腫更嚴重，所以都不太敢喝水！」這其實已經是我聽到超過不知道第幾百人回答我這樣的答案了，這不知道哪來的迷思，也見怪不怪囉！

我跟她解釋說，雖然辣椒、胡椒等辛香料中的辣椒素跟胡椒素成分，確實有促進身體能量消耗的作用，但是，這指的是單純乾的胡椒粉及生辣椒，而非經過加工過後含有大量油脂、鈉含量的辣椒醬或是豆瓣醬等加工調味料。一旦我們身體吃進過量的鈉，便會使身體中的水分滯留在體內，再加上平常在辦公室久坐，就會導致下半身愈來愈腫。

選擇新鮮調味料，減重時期照享美味

在聽到讓自己不瘦反胖的原因，居然是吃辣椒醬惹禍，也讓宜臻忍不住疑問，難道想要變瘦，就一點辣都不能吃，或是只能吃沒有味道的食物嗎？其實只要改以天然的新鮮辣椒，或乾辣椒、辣椒粉，取代辣油、辣椒醬等加工調味料，瘦身族一樣能享受辛辣的滋味。

我建議她選擇新鮮辣椒，洋蔥、胡椒、青蔥、大蒜等天然辛香料，來增添料理的食材風味；同時建議她每天喝水2000c.c.，吃一些香

蕉、奇異果、芹菜等高鉀蔬果，並改變久坐不動的習慣，要辦公室在5樓的宜臻，養成每天上下班走樓梯的習慣，增加活動量，運動完也要適度的放鬆腿部肌肉，按摩小腿搭配用熱水泡腳。

持續二週後，宜臻開心的分享她最拿手的料理：川味魚片加辣椒花椒，並加入很多蔬菜，只吃料不喝湯的方式，讓她感覺滿足。而且，從調整飲食的過程也發現，每次吃完重口味食物，她也開始會覺得口渴，就會自主再多喝水300cc，不僅水腫問題就得到改善，回到原先體重，更多瘦了1公斤！

穎養師の
快｜瘦｜教｜室

瘦身重點	☑ 以新鮮調味食材（辣椒、洋蔥、胡椒、青蔥等）取代人工調味料，增添風味。
	☑ 每天喝水2000c.c，有吃重口味的食物再多喝300c.c水.。
	☑ 多吃鉀含量高的蔬果，如：香蕉、奇異果和芹菜。
	☑ 增加活動量，改走樓梯，並且按摩小腿跟熱水泡腳。
成果	▶▶▶ 2週內瘦下3公斤，水腫的情況完全改善。

3 壓力疲勞型肥胖

熬夜、睡眠不足，3年爆肥20公斤

Profile

37歲的廣告公司中階主管，經常熬夜加班，最高紀錄甚至曾工作到快凌晨5點才回到家，洗個澡又進公司上班。在長期熬夜、處於高度壓力的環境下，短短3年間，就胖了20公斤。

　　怡惠（化名）是一名廣告公司中階主管，負責任、謹慎的個性，讓她在公事上幾乎凡事事必躬親。自從兩年前接下主管職務後，每天從早上10點，工作到晚上8、9點下班，幾乎已經是常態。有時候為了趕客戶結案，晚上12點下班也不稀奇，最高紀錄甚至曾加班到快凌晨5點才回到家，洗了澡又回到公司上班。

　　另外，由於接下主管職務，對上要面對上司，對下要盯緊下屬，長期高壓、熬夜的生活，讓原本體重55公斤的怡惠，短短3年就胖了20公斤。她苦惱的表示，「不但衣櫃很多衣服穿不下，前陣子參加大學同學會，更被笑說變化太大差點認不出來。」實在是太委屈了，才下

定決心一定要瘦身成功。

不僅要改變飲食，更要改變心態

當我進一步詢問她的飲食、生活習慣，卻發現怡惠因為經常要加班，常和同事一起叫速食、外賣，常選擇高精緻澱粉的漢堡、薯條、炒飯、炒麵當晚餐；有時加班回家後，甚至還會買炸雞、吃泡麵當宵夜。而且雖然每天忙到很晚，但因為工作壓力大，卻還是難以入睡，甚至常因為夢到下屬出包，惡夢連連到半夜驚醒。

雖然怡惠急著瘦身，不過，在了解她的生活形態後，我發現正因為她發胖的主因和幾乎天天熬夜、睡不好有關，因此在飲食的部分，我建議她先從適度減醣開始，把白飯和麵條，替換成纖維含量較高的糙米、地瓜或馬鈴薯。每餐盡量吃足2到3份的蔬菜，來補充膳食纖維，並增加飽足感。

除此之外，我建議她更要調整「什麼都自己來」的心態，練習交辦跟信賴下屬，並每週留一天下班時間給自己，不管是讓自己睡飽，還是做岩盤浴、SPA、按摩活動放鬆一下，舒緩緊繃的神經都很好。

而我的建議，卻讓怡惠相當驚訝。「營養師，你是第一個跟我這樣說的人！大家都說減肥就要趕快運動，怎麼你會叫我去睡覺、去按摩啊？」

睡眠不足，不僅更容易胖，還容易傷肝

其實，睡眠不足，不但會讓飢餓素上升、瘦體素下降，使人容易

感到飢餓，產生想吃東西的慾望。而長期熬夜更會增加肝臟損傷、無法正常運作的問題，使新陳代謝速率下降、脂肪大量囤積。所以，怡惠在長期吃的不對、身體代謝力差的狀況下，自然不胖也難！因此，比起急著運動，好好睡飽、調整失常的內分泌系統更重要。

在經過三週調整作息後，怡惠體重就從75公斤降至73公斤，整個人看起來氣色也更紅潤有精神了。不過，怡惠還是說她真的是戒不掉吃宵夜的習慣，下班回家好好放鬆後，就忍不住想大吃。

在考量準備的便利性，我建議她可以在冰箱放一些大番茄跟毛豆，下班嘴饞的話，大番茄有膳食纖維和維生素C跟茄紅素，也是增加飽足感，提升抗氧化力，幫助清除熬夜產生的自由基，是避免身體發炎、肥胖的好方法。搭配鹽味毛豆，豐富的蛋白質給她飽足感，還可以一邊看韓劇一邊吃很方便，若還是真的很想吃泡麵，就拿泡麵的調味料來煮蒟蒻絲跟玉米筍、木耳、花椰菜等蔬菜，慢慢地，她就戒掉一定要吃泡麵才能入睡的習慣。

而怡惠在飲食進行減醣，改變心態和維持充足睡眠下，半年後體重就減輕了15公斤，體脂肪也從原先的32%減至23%，衣服小了好幾個尺碼，看起來也更年輕有活力。

穎養師の
快 | 瘦 | 教 | 室

瘦身重點	✓ 用糙米、地瓜等取代白米和麵條，每餐吃足 2～3份蔬菜。 ✓ 改變心態，空出放鬆的時間給自己，提升睡眠品質。
成果	▶▶▶ 半年內瘦下15公斤，體脂肪由32%降至23%，衣服小了好幾個尺碼，精神變好，看起來年輕許多！

4 體虛型肥胖

貧血、畏寒、月經失調，產後肥胖無法運動

Profile

40歲的家庭主婦，生第二胎時體質變虛，常手腳冰冷、畏寒，習慣喝熱甜飲或濃湯取暖。產後身材一直無法回復，從65公斤胖到80公斤，偏偏運動5分鐘就會覺得喘、胸悶，因此不敢隨便動。

　　40歲的淑玲（化名）是一位二寶媽咪，生完第二胎以後，身材就一直瘦不回來，從65公斤一路胖到80公斤。生理期也不順，不是跳過一個月才來，就是根本不來，得靠醫生開催經藥才會比較準時，讓她非常煩惱。

體虛、貧血又頭暈，無法靠運動瘦身怎麼辦？

　　我詢問淑玲，她的困擾是從何時開始的？這才發現，淑玲因為兩年前生了第二胎後睡眠嚴重不足，小寶貝常哭鬧再加上大寶貝也需要照顧跟關心，身為二寶媽的淑玲沒有一天睡飽跟吃飽，從此體質開始

改變，容易手腳冰冷，甚至還長了皮蛇；酷暑夏天，當老公和孩子熱到要開冷氣，她卻得要穿厚長袖，才不會覺得冷。每一次感冒盛行，她都是家裡最先「中標」的，每次感冒要拖上一、兩個月才痊癒，更是家常便飯。

聽了她的描述後，我便問她：「你除了常常手腳冰冷外，有覺得經常頭暈目眩嗎？」「欸，營養師妳怎麼知道！」淑玲非常驚訝，「我前陣子想說跟著電視做些有氧體操減肥，可是才動2分鐘，就喘得不行，心悸、胸悶到無法呼吸……嚇到我完全不敢再做任何有氧運動。」虛弱的狀況還有更多，有一次孩子坐在地上一直哭，她蹲下抱孩子，才剛起身就眼前一片發黑，完全腿軟站不穩，差點把孩子摔在地上。

用食材的天然成分改善體質

我建議淑玲去抽個血，確認一下狀態，畢竟她生完二寶後，就沒有認真的做檢查，到醫院檢查後，醫師發現她血紅素竟然只有9.9mg/dl(正常為12-14mg/dl)，有嚴重貧血的狀況，但是膽固醇跟血糖都是超標的紅字。

詳細詢問淑玲的飲食狀況，發現她因為冷，常買熱呼呼的紅豆湯圓、玉米濃湯、花生湯等甜湯，還有奶茶、熱可可之類的飲料取暖，每天都要喝兩杯以上。在新陳代謝不好又缺乏活動的情況下，吃進這麼大量的糖分跟澱粉，當然不胖也難。

因此我建議她，把甜飲和甜湯，改成自製的熱薑茶，補充薑辣

素。薑辣素在加熱後，會產生能幫助身體代謝、促進血液循環的薑烯酚；還有多補充含鐵質的食物，例如牛肉，以及菠菜、地瓜葉和莧菜等深綠色的蔬菜。除此之外，還要多補充柑橘類、紅椒、黃椒等含高維生素C的蔬果，能幫助鐵質吸收。

另外，因為淑玲一運動就喘，而且對運動有恐懼感，也建議她不運動沒關係，可以用比較輕鬆的泡澡方式，來幫助促進代謝、血液循環。

結合料理，越吃越健康

在調整了淑玲的飲食和生活習慣後，兩週後她就瘦了快3公斤，手腳也比較不會冰冷。不僅整個人看起來比較有元氣，精神也好了很多。不過，當我詢問她在執行新飲食習慣上、有沒有什麼不習慣的地方時，淑玲才不好意思的說：「營養師，連喝兩個禮拜的薑茶，實在有點膩……」

原來，淑玲在知道多喝薑茶對改善體質有幫助後，就每天都熬一大壺薑茶，早午晚照三餐喝。雖然效果不錯，但實在是太缺乏變化性了，又不敢問我，讓她差點堅持不住……真是非常老實又可愛。

其實，除了傳統的薑茶外，把老薑加入其他料理中，也是很好的補充方式。因此，我建議她幾道薑料理。例如自製檸檬薑水，把帶皮老薑切薄片，加入1公升的滾水，小火煮20分鐘後放涼，再加入適量檸檬汁，就是爽口又能減少辛辣度的美味飲品。或是把老薑切片入菜，以番茄、洋蔥、紅蘿蔔和黑木耳做基底，加上自己喜歡的蔬菜，做成

蕃茄蔬菜老薑湯，以及用薑絲炒木耳或肉片等料理都很棒。

在經過三個月的諮詢、調整生活型態後，淑玲的血紅素也增加到12.9mg/dl，手腳不再冷冰冰，而且也不再動不動頭暈目眩、眼冒金星。循序漸進的調整，終於可以從慢慢走、進步到快走，提升運動量後，她現在進行長達40分鐘以上的運動也沒問題，體重更從80公斤瘦到69公斤，就連體力、精神更是好了許多。

健康是幸福之本，淑玲說，她要健康的看著兩個孩子長大，好好吃對食物，適量運動，不只自己要變健康，也要讓全家人都健康。

穎養師の 快｜瘦｜教｜室

瘦身重點	☑ 把甜飲和甜湯，換成熱薑茶，補充薑辣素，促進身體代謝、血液循環。
	☑ 補充含鐵食物：牛肉，菠菜、地瓜葉和莧菜等深綠色的蔬菜。
	☑ 攝取柑橘類、紅椒、黃椒等含高維生素C的蔬果。
	☑ 從慢走開始，以不勉強為原則，循序漸進增加運動量。
成果	▶▶▶ 3個月內從80公斤瘦到69公斤，免疫力增加，不再體虛、手腳冰冷，貧血狀況改善、一次運動40分鐘也OK。

5 應酬多人來瘋型肥胖

聚會多、晚吃、酒喝太多

Profile

39歲的昱傑是一位業務經理，晚上下班後，常需要和客戶、廠商應酬。再加上工作壓力大，放假也要跟朋友聚會唱歌、吃熱炒抒壓，在天天縱情美食、美酒，把晚餐當宵夜吃的習慣下，短短兩年多，體重就狂飆18公斤，更有便祕火氣大、常嘴破、痔瘡等困擾，健康檢查報告滿江紅。

　　第一次看到昱傑（化名），我就對他印象十分深刻。還記得他第一次來諮詢的那天晚上，高溫破36℃，他穿著一身西裝，滿頭大汗的進入診間，一進來就遞給我一疊紙，示意我看看。原來那是他的健康檢查報告，上面各項指標幾乎都是紅字，不但體重超標，更有高血脂、高膽固醇，甚至脂肪肝的問題，嚇壞的他趕緊前來諮詢，希望我能給他一些飲食建議。

吃得多又吃得晚，便秘、痔瘡、脂肪肝通通來！

　　在我說明這些數值代表的意義，並進一步詢問他平常的生活習慣

後，才發現原來39歲的昱傑是一位業務經理，因為職務需要，常常在晚上下班後，還需要和客戶及廠商應酬。不但晚餐吃得晚，每次聚餐，幾杯黃湯下肚後，更是常常不小心就食欲大開、暴飲暴食。

昱傑不好意思地承認，他最高紀錄曾經一個晚上，一個人一口氣嗑光兩盤半的大份炒飯，更不要說其他油炸、勾芡，重口味料理，更是來者不拒。結果在難敵美食、美酒誘惑下，原先175公分、65公斤的他，升職短短兩年多，體重就狂飆18公斤，胖到83公斤，整個身材完全走鐘。

「有一天，我在路上巧遇兩年前離職的同事，想說上前打招呼、寒暄一下。沒想到對方一臉茫然，直到報上姓名後，對方才認出我來⋯⋯實在是太尷尬了！」昱傑無奈地說。到最近這半年，他更是常常走沒幾步路就喘，體力大不如前，甚至還有火氣大、嘴破、還有痔瘡等問題。加上被醫師確診有脂肪肝，昱傑才終於意識到，自己的健康已經亮起紅燈。

我請他測量內臟脂肪，內臟脂肪數值大於8就有脂肪肝的風險，沒想到昱傑的內臟脂肪竟然有15，比標準值高出許多！而這結果也讓他大吃一驚，直呼：「天啊，這不就代表我身體裡都是油！營養師，這還有救嗎？」

「別緊張！我們深呼吸放鬆一下，其實只要有心從現在開始改變飲食習慣，都還來得及。而且脂肪肝是有機會逆轉的，只要認真努力，絕對沒問題。」我安撫了緊張的昱傑，跟他說明飲食調整，就可

改善大部份他的問題。

適度減醣並補充B群，減少應酬餐的後遺症

考量昱傑工作應酬的需要，要他完全不喝酒、不應酬，實在不太容易。所以我建議他，如果知道今天晚上有應酬的需要，早餐、午餐少吃油炸、高精緻澱粉的食物，適度減醣，多吃一些富含膳食纖維、能提升飽足感，比較沒有負擔的食材，留一些「精神」給晚餐應酬使用。

例如：早餐捨棄麵包、包子、饅頭含大量精緻澱粉的食物，改選擇蔬菜蛋餅，或是以烤地瓜搭配茶葉蛋、無糖高纖豆漿，就是均衡又能吃飽的好選擇。午餐時，則盡量避免漢堡、薯條等含精緻澱粉的速食，還有辦公族常會訂的炸雞腿、滷排骨便當。利用午休時間，走到附近的小吃店，點碗菜肉餛飩湯，搭配燙青菜、滷蛋、豆乾、滷海帶，整天多喝水，幫助代謝。

晚上的應酬，為了避免昱傑肝臟持續發炎，除了要他飲酒時不要混酒，高酒精濃度的威士忌、伏特加等酒精飲品，淺嚐幾杯就好，另外，建議喝酒前要補充維生素B群，也可搭配薑黃素、朝鮮薊等有助保護肝臟的營養素，之後再喝酒，比較沒負擔。

切忌空腹喝酒，喝酒前最好先吃些蛋白質、蔬菜墊墊胃。像是點盤涼拌毛豆、泡菜、海帶芽，就是增加飽足感，避免喝酒後胃口大開、暴食的好方法。另外，應酬地點挑日式居酒屋、含菜這類食材可

以共享的場地，多點些烤肉串、海鮮、蔬菜、涼拌菜、竹筍，不碰炒飯、炒麵、加工丸餃等精緻澱粉和油炸物的食材，放慢進食速度，就可以減少身體的負擔。

如果工作之餘，想跟朋友聚會，熱炒局就盡量點蔬菜跟海鮮，喝啤酒時請減量，且喝一杯酒就搭一杯水，幫助酒精代謝；而唱歌局要先吃點東西再去，點小菜滷味即可，重點是享受跟朋友在一起的開心感，而不是拼酒買醉傷身，真正的好朋友是會互相關心健康，可以在人生的道路陪伴長長久久（這時就知道哪些是損友了）。

在經過兩個月的營養諮詢後，昱傑就瘦了11公斤，內臟脂肪更從15回到9，體力、體能好了許多，便祕問題也得到改善。昱傑笑說：「感覺好像年輕了5歲，身體也輕快許多。」就連廠商和客戶都忍不住問他是怎麼辦到的？半年後複檢，昱傑的高血脂、高膽固醇已得到改善，脂肪肝問題也成功痊癒。

穎養師の
快｜瘦｜教｜室

瘦身重點	✅ 若晚上要應酬，早、午餐適度減醣，改吃地瓜＋無糖豆漿、餛飩湯＋燙青菜、滷味，多喝水助代謝。
	✅ 不傷肝的應酬秘訣：不要混酒、避免酒精濃度高的酒類、應酬前補充維他命B群和薑黃、飲酒前先吃有蛋白質和膳食纖維的食物。
	✅ 以涼拌毛豆、泡菜、烤肉串等，取代炒飯、炒飯、加工丸餃等精緻澱粉和油炸物。
成果	▶▶▶2個月內瘦下11公斤，內臟脂肪從15降至9；半年內確實改善高血脂和高膽固醇的問題。

轉換減醣飲食，成功瘦身！

節食便秘型肥胖

減肥精算熱量，卻便祕、越減越肥

Profile

25歲的空姐，從大學時期就精算熱量維持身材。平常刻意節食，把每日應攝取熱量用在薯條、滷肉飯、米糕，還有麵包、蛋糕、甜甜圈等精緻澱粉上。但是卻一直有便祕的困擾，最長曾經快連續一個禮拜都沒有大便，需要靠浣腸幫忙，才能順利排便。

　　25歲的秀如（化名）為了維持好身材，從大學時期就熱愛卡路里減肥法。平常刻意節食、精算食物熱量，就是為了可以吃到偏愛的薯條、滷肉飯、肉粽、米糕，還有麵包、蛋糕、甜甜圈等由精緻澱粉及高油脂組成的食物。

飲食不均衡，吃錯食物，越減越肥！

　　求學時這樣吃都沒什麼問題，但自從秀如大學畢業、順利考上空姐後，常飛過夜班、長班，需要調時差，身體代謝力大不如前。加上

空姐圈的前輩制度嚴格，各成一派小圈圈，常讓她倍感壓力，常需要靠大吃喜歡的食物紓壓。

在長期蔬果攝取不足下，秀如一直有便祕的困擾，幾乎快連續一個禮拜都沒有排便，需要靠浣腸才能順利。秀如尷尬的說：「每次飛過夜班、長班，別人行李是騰出空間帶各種保養品、彩妝品，我是要帶好浣腸出門，才能安心。」用浣腸時還要和同房室友溝通，她需要長時間用洗手間，常讓她膽戰心驚又自卑，就怕被人發現。

除了便祕問題讓她感到頭痛之外，這一年更明顯感受到，就算精算吃下肚食物的熱量，小腹卻越來越凸出，讓愛美的秀如難以忍受。「天啊，營養師你知道嗎？我拍照時都要深吸一口氣，肚子才不會跑出來，就算節食，效果也有限，該怎麼辦！」

聽完秀如的問題，我要她趕快放棄過去錯誤的節食算熱量減肥法！如果沒有從均衡飲食的角度出發，每天吃不夠，營養攝取不均衡，不但不會變瘦，脂肪代謝也會越來越差，反而越減越胖。

適度減醣，配合增加蔬果攝取量，改善嚴重便秘！

再加上，秀如熱愛高GI（升糖指數）值的精緻澱粉，這些食物進到肚子裡，很容易就會轉變成脂肪，堆積在體內。所以我建議她，試著把麵包、滷肉飯等精緻澱粉，換成GI值比較低、含有膳食纖維的燕麥、山藥和地瓜替代，飲食適度減醣。每天更要吃到6個拳頭份量的蔬菜，和2個拳頭份量的水果，維持腸道健康。

不過，考量新鮮蔬果不能帶上飛機，還有空姐工時長，人在異地

不方便補充蔬果。所以我推薦秀如，如果有過夜班、長班的出勤需求，吃不到蔬菜、水果的情況，可以改成乾燥的海帶芽杯湯登機，海帶芽沖熱水就會膨脹，也能補充到膳食纖維。再配合適度飲水，促進腸道蠕動，自然有利改善便祕問題。

平時均衡飲食，每周一天「放縱美食日」也OK

在嘗試2週後，秀如再次回診。「營養師你真的解決了我困擾已久的問題，我最近順暢很多，大概1～2天就可以成功上一次廁所，終於可以告別浣腸人生了！」她興奮的神情，讓我也為她感到開心。

但緊接著秀如，卻支支吾吾的說：「嗯……那個，營養師……那我以後還可以吃滷肉飯、米糕之類的食物嗎？」聽到秀如的疑問，實在讓我忍不住一笑，「說出來你可能不相信，雖然我是營養師，但我還是會吃速食店的雞塊和鹽酥雞喔！」

秀如聽到我這麼一說，立刻滿臉的不可置信。其實只要有基本的正確飲食觀念，偶爾放縱一下沒關係。我很推薦，每個禮拜讓自己有1天的「美食日」時間，吃些自己想吃，但是屬於違禁品的食物，反而還能避免減重停滯期發生。

聽到這樣的說法，也讓秀如鬆了一口氣。於是在多次面對面諮商，以及配合她的工作需要搭配線上視訊或語音方式，持續進行瘦身諮詢，2個月後，秀如不但便祕問題得到改善，就連膚質、氣色都好了很多。體重更減少了將近6公斤，小腹變得平坦緊實，讓一向愛美的她重新找回自信。

穎養師の
快│瘦│教│室

瘦身重點	✓ 用低GI、高膳食纖維的燕麥、山藥和地瓜,取代薯條、麵包和滷肉飯,適度減醣。
	✓ 每天吃到6個拳頭份量的蔬菜+2個拳頭份量的水果,維持腸道健康。
	✓ 不方便吃新鮮蔬果,可以用乾燥海帶芽杯湯代替。
	✓ 周間均衡飲食,每周一日放縱美食日,滿足口慾,避免減重停滯期。
成果	▶▶▶2個月內瘦下近6公斤,便秘問題完全改善;小腹平坦,膚質改善,氣色變好!

無飯麵不歡肥胖型

天生「飯桶」，熱愛精緻澱粉

Profile

23歲的軟體工程師，從小就是個「飯桶」，一口氣扒光2～3碗白飯，對他來說根本是習以為常。但自從開始工作後，天天吃便當加飯，配手搖飲，再加上活動量不足，原先身型就魁梧的他，短短一年內就胖了10公斤，甚至有糖尿病前期的問題。

　　23歲的俊凱（化名）是一名軟體工程師，從小就是個「飯桶」，三餐都要吃白飯才有飽足感，一餐一口氣扒光2～3碗白飯，對他來說根本是習以為常。但自從開始工作後，因為工時長，懶得出門，天天午餐跟著同事訂炸雞腿、炸排骨便當，而且每次都要加飯才滿足。

立刻執行減醣飲食，挽救糖尿病前期病症

　　除了習慣吃油炸的便當主菜，俊凱飯後更習慣來一杯含糖手搖飲料，晚餐下班太晚，常常以方便的炒飯、燴飯裹腹，這樣的飲食習慣，再加上活動量不足，讓原先身型就相當魁梧的他，短短一年內胖

了10公斤。本來俊凱完全不在意，直到最近一次公司例行健康檢查，發現他的血糖超出標準值，複檢被醫師診斷有糖尿病前期的代謝症候群問題。

這讓有糖尿病家族史的俊凱嚇得差點說不出話來，來到門診做營養諮詢時，他說：「營養師，再辛苦都沒關係，請你告訴我要怎麼樣做，才能不變成糖尿病病友？」原來俊凱的爺爺、伯父都有糖尿病的問題，俊凱從小就常看他們打胰島素，打得很辛苦，皮膚甚至都潰爛了。再加上，爺爺更是因為糖尿病需要洗腎，這些長輩們的經驗，終於讓他對自己的健康有所警覺。

所以我建議他，逆轉糖尿病前期，飲食可從減醣瘦身開始！瘦下來可以避免高血糖、高血壓和高血脂的三高危機，先從戒掉每天一杯含糖手搖飲料開始，改成喝無糖的茶類。如果午餐不方便外出，訂便當的時候選非油炸的主食，多選一些白肉魚，飯量也先減到一般人的正常份量來改善。

晚餐的部分，可以試著在將白飯換成地瓜、南瓜、玉米等，和白飯相比GI值（升糖指數）較低的根莖類食材。每餐都要吃到兩到三份蔬菜（一份差不多一個拳頭大）都有幫助穩定、控制血糖的好處。

用花椰菜飯取代白飯，含醣量－80％！

一週後當俊凱再次回診的時候，就瘦了1.5公斤。不過，他說因為吃不習慣地瓜、南瓜這些口味偏甜的食物，再加上沒吃飯和麵，所以每天都很餓，有沒有什麼替代的選擇？在評估俊凱的飲食習慣後，我

推薦他晚餐換成吃「花椰菜飯」。

　　還記得我說出花椰菜飯幾個字的時候，俊凱一連茫然，忍不住問：「什麼是花椰菜飯？」其實花椰菜飯，就是把白花椰菜切碎取代白飯。因為白花椰菜的顏色和煮熟後的口感與白飯很像，膳食纖維量是白飯的2倍，含醣量卻只有白飯的6％（百分之六），能增加飽足感，並解決排便不順，很適合想瘦身，或控制血糖的人吃。

　　俊凱回家之後真的很認真，請他的家人在晚餐的時候幫他製作花椰菜飯，他說不僅僅只有他吃，全家人也都一起分享，在嘗試花椰菜蛋炒飯後，排便順暢了很多，而且口感跟市售蛋炒飯很相近，也滿足他想吃白飯的需求，於是我建議他繼續努力。

　　過了1個月，俊凱體重就減輕了將近3公斤，體能也變好許多，他說他連中午也不用依賴白飯了，反而會很想吃蔬菜，因為排便順暢的感覺真的很好，也成功擺脫飯桶的封號。再過2個月後，俊凱興奮地表示，前些日子到醫院複診，已確定血糖跟糖化血色素的數值恢復標準，而體重又減少了3公斤。他會繼續維持，不讓自己走上跟爺爺、伯父一樣的路！

穎養師の
快│瘦│教│室

瘦身重點	⊘ 改喝無糖飲料，手搖飲料改喝無糖的茶飲。
	⊘ 便當主食選擇非油炸類，最好是白肉魚，每餐 吃兩份青菜。（一份1個拳頭大）
	⊘ 晚餐主食以地瓜、南瓜和玉米等取代飯，若吃 不慣，可用花椰菜飯取代白米飯。
成果	▶▶▶ 3個月內瘦下6公斤，血糖恢復正 常值；排便順暢。

8 日夜顛倒輪班型肥胖

工作時間不穩定，作息混亂、宵夜當正餐

Profile

27歲的護理師，因為工作需要輪班，有時是正常班、有時是大夜班，每天作息都得跟著工作跑。下班後又愛吃宵夜紓壓，加上本來就是易胖體質，工作5年多，體型圓了一大圈，雖然未婚夫不介意，但她還是希望能夠提早做準備，當個美美的新娘。

　　第一次見到安娟（化名），我就對她印象深刻，豐腴的微胖體型微胖，加上甜美可人的笑容，是現在網路正當紅的「棉花糖女孩」；她和男友愛情長跑六年多，這一、兩年一直都有結婚的規劃。

日夜顛倒宵夜飲食型態，養成棉花糖體型

　　「雖然我男友不介意，但誰不想當個美美的瘦新娘？所以我想等我瘦下來，再來籌辦婚禮。」但擔任醫院護理師的安娟，因為工作需要輪班，每天作息都得跟著工作跑，經常大夜班、正常班交替，忙起

來更常忘了吃正餐，只好吃便利商店的燴飯、泡麵、珍珠奶茶，外加啃麵包充飢。值完大夜班後，更愛吃涼麵、鹽酥雞等宵夜抒壓，吃完又覺得罪惡，邊憤怒發脾氣還邊去催吐。

安娟壓力大就會想狂吃，工作五年多，體型就圓了一大圈，從剛畢業的50公斤，一路胖到現在的68公斤，一直想認真減肥，但因為輪班很累，認真工作跟照顧身體好像只能二選一，所以後來都還是選擇把工作放第一。一直到最近男友向安娟正式求婚，才終於再次燃起她要認真瘦身的慾望！

方便的減醣止餓餐，搭配有果香的「水果飲」

為了在不傷害健康的前提下，讓安娟能夠快速的瘦下來，我要求她一定要改掉喝珍珠奶茶、啃麵包充飢的習慣，特別要遠離麵包、糕點等精緻澱粉。我也提出方便的減醣版止餓組合，例如一根香蕉加上無糖豆漿，或是無糖氣泡水搭配茶葉蛋。

如果還是習慣喝有味道的飲料，可以挑喜歡的水果自製「水果水」，例如將葡萄、藍莓、柳橙等水果切塊，放入飲用水中，讓無味的開水帶有果香、增添味道。宵夜盡量不吃，同時也推薦作息不正常的安娟，可以適時補充維生素B群，來提升代謝能力。

進行了三週的飲食調整後，安娟就瘦了將近3公斤，非常成功。但她卻忍不住訴苦：「營養師，我真的很認真改變飲食，但有時候值完大夜班真的好餓，好想吃宵夜怎麼辦？」

雖然吃宵夜真的是瘦身大忌，但真的很想吃宵夜的時候，只要學

會怎麼挑選，也可以減輕吃宵夜的負擔。如果真的餓到受不了，不挑選炸物，改以滷味或烤物選擇代替，減少醬料的攝取，多挑選蔬菜等食材，就是能把多餘的油脂帶掉，減少一些罪惡感的方法。

經過四個月的諮詢和堅持，安娟成功剷肉13公斤，從68公斤瘦到55公斤，順利穿上喜愛的婚紗，完成她當個美美新娘的心願。還記得她老公說，來做諮詢執行瘦身，不只是老婆身型纖細了好幾個Size，連她的情緒也越來越穩定，不會下班後就暴食，或是亂發脾氣，兩個人的感情又更好了，真的很替他們覺得開心。

穎養師の
快｜瘦｜教｜室

瘦身重點	☑ 沒時間吃正餐時，以香蕉＋無糖豆漿，或蔬菜滷味＋無糖氣泡水的組合，取代可樂／珍奶＋麵包。 ☑ 好想喝飲料時，用自製水果水取代含糖飲料。 ☑ 下班時間晚，餓得受不了時，以滷、烤的食物取代炸物，多挑選蔬菜類的食材。
成果	▶▶▶ 4個月內瘦下13公斤。

攝取足夠蔬果，也要稍微留意含醣量

　　幾乎每一種蔬菜的含醣量都很低，不過有些看似蔬菜類的食材其實是澱粉類，如南瓜的話就要稍微注意一下囉！我知道大家都很愛吃水果，但是有些水果真的隱藏著高醣質陷阱，以下列出幾個常見的蔬果，提供選擇上的參考，建議挑選以低醣量、膳食纖維高的為主。

蔬菜類 （每100g）	含醣量	粗蛋白 (g)	粗脂肪 (g)	膳食纖維 (g)	鉀 (mg)	鈣 (mg)	β-胡蘿蔔素 (ug)	葉酸 (ug)	維生素C (mg)
木耳	1.5	0.9	0.1	**7.4**	56	27	0	9.4	0.0
杏鮑菇	5.2	2.7	0.2	3.1	272	1	2	42.4	0.2
青花菜	1.3	3.7	0.2	3.1	339	44	359	55.8	75.3
茄子	2.6	1.2	0.2	2.7	221	16	6	21.7	5.2
胡蘿蔔	5.8	1.0	0.2	2.7	267	30	5402	16.5	5.2
玉米筍	3.2	2.2	0.3	2.6	222	15	15	20.0	9.2
南瓜	**14.8**	1.9	0.2	2.5	426	14	1981	59.5	15.0
青椒	2.8	0.8	0.3	2.1	144	10	152	27.6	94.9
花椰菜	2.4	1.8	0.1	2.0	266	21	5	61.5	62.2
菠菜	0.5	2.2	0.3	1.9	510	81	3698	72.9	12.1
小番茄	5.6	0.9	0.2	1.7	269	14	6976		43.5
甜椒	5.4	0.8	0.5	1.6	189	6	1072		137.7
西洋芹	0.6	0.4	0.1	1.6	240	52	78	13.5	4.9
茼蒿	0.6	1.7	0.3	1.6	362	46	2633	95.1	10.5
油菜	0.1	1.4	0.2	1.6	220	88	1851	39.4	25.0
紫洋蔥	5.8	0.9	0.1	1.5	122	21	0	5.6	4.5
青江菜	0.6	1.3	0.1	1.4	225	102	793	72.5	28.5
綠蘆筍	3.0	1.3	0.2	1.4	220	15	796	26.8	9.7
芹菜	1.8	0.8	0.1	1.4	314	83	398		6.6
小白菜	0.5	1.2	0.2	1.3	249	103	577	96.8	20.8
白洋蔥	8.7	1.0	0.1	1.3	145	25	0	4.0	5.6
白菜	1.6	1.0	0.7	1.2	158	42	8		17.1
冬瓜	1.6	0.4	0.1	1.1	122	7	0		14.9
白蘿蔔	2.2	0.7	0.1	1.1	151	23	0	16.2	15.3
絲瓜	2.8	1.1	0.1	1.0	117	10	3	39.3	6.5
櫛瓜	0.8	2.2	0.0	0.9	417	19	479		25.3
紅番茄	3.5	0.9	0.0	0.8	247	10	395		14.8

水果類 （每100g）	含醣量	粗蛋白 (g)	粗脂肪 (g)	膳食纖維 (g)	鉀 (mg)	β-胡蘿蔔素 (ug)	葉酸 (ug)	維生素C (mg)
百香果	5.4	2.2	2.4	5.3	200	950		32.0
酪梨	3.7	1.5	4.8	3.8	271	143		15.1
榴槤	**27.8**	2.6	1.6	3.8	440	10		52.2
芭樂	6.0	0.7	0.1	3.6	142	42	55.6	120.9
奇異果	11.2	1.1	0.3	2.7	291	66	30.5	73.0
青木瓜	4.8	0.6	0.1	2.4	139	5	21.2	25.3
柳橙	9.0	0.8	0.1	2.1	145	0		41.2
龍眼	16.1	1.1	0.5	1.8	282	0		95.4
草莓	7.5	1.0	0.2	1.8	199	15	82.8	69.2
火龍果(白肉)	10.7	0.9	0.4	1.7	226	1	15.5	5.3
小番茄	5.6	0.9	0.2	1.7	269	6976		43.5
水蜜桃	8.1	0.9	0.2	1.7	205	79	5.7	6.6
李子	7.9	0.6	0.3	1.7	148	328		2.4
山竹	16.5	0.6	0.3	1.6	82	35		2.9
香蕉	**20.5**	1.5	0.1	1.6	368	2	15.7	10.7
蘋果	11.4	0.3	0.2	1.5	113	551		3.1
金黃奇異果	13.6	0.8	0.3	1.4	252	40		90.1
木瓜	8.5	0.6	0.1	1.4	186	399	47.3	58.3
櫻桃	17.7	1.2	0.3	1.3	236	12		10.7
橘子	10.2	0.6	0.1	1.3	143	386	18.8	26.4
文旦	7.1	0.7	0.1	1.3	132	0		51.1
火龍果(紅肉)	11.0	1.1	0.2	1.3	219	0	12.3	6.3
檸檬	6.1	0.7	0.5	1.2	150	0		34.0
芒果	11.7	0.6	0.2	1.2	119	1119	27.1	22.7
梨子	9.9	0.3	0.1	1.1	147	0	3.0	4.7
鳳梨	12.5	0.7	0.1	1.1	162	18	11.2	12.0
蓮霧	8.2	0.4	0.2	0.8	95	6	20.1	10.0
荔枝	15.7	1.0	0.2	0.8	185	0	14.9	52.3
香瓜	8.3	1.1	0.2	0.5	338	16	14.3	22.9
西瓜	7.7	0.8	0.1	0.3	121	412	5.1	6.8
葡萄	16.3	0.5	0.3	0.2	122	3	3.7	2.2

Part 3

50道絕對吃飽的
減醣食譜

吃不胖，真好！
愈吃愈瘦越健康

食譜使用方式說明

食材分類：

以小圖示標明食譜的食材大分類，包含「肉類」、「海鮮類」、「豆蛋類」、「湯品」、「甜點」。

活力食材解密：

食譜中的重點食材營養素解析，吃飽又吃好的活力秘訣完整提示。

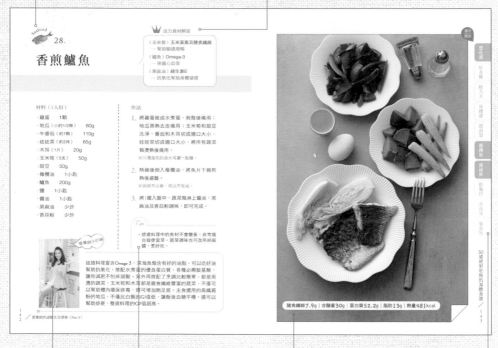

煮食小提示：

讓烹飪過程更方便、快速、美味的TIPS。

適合類型：

依據五種最常見的情境和五種常見的生活現況，將每道食譜歸納出最適用的類型。

營養師小叮嚀：

每道食譜中特別要注意的營養要素，以及做為減醣主餐、配餐時的均衡飲食提示。

營養素計算：

每道食譜的含醣量、膳食纖維、蛋白質、脂肪和熱量數字。

※注意，此數值為「食譜中的食材總合」，非「1人份」。

挑選你的「適用狀況」，不僅吃飽、更要吃好！

在《營養師的減醣生活提案》中的50道食譜，除了含醣量、膳食纖維、蛋白質等營養素數值之外，另外標出了每道食譜的「適用狀況」。我在臨床門診時，遇到好多不同的健康狀況，再加上每個人當下的情緒、感覺，都會影響整體的健康，以及瘦身計畫的進度。

因此，我特別歸納出五種常見的情境・感覺，和五種最常見的生活現況，加入每道食譜的適用狀況建議中，除了減醣是書中食譜的共同點之外，讓大家可以依照現在的「感覺」和「現況」分類，挑選最適合自己當下情況的食譜。

- -

現在感覺 〉

〈想吃甜〉
瘋狂想吃甜食，明知道減肥不要吃甜食，但卻克制不了糖上癮。

〈好水腫〉
感覺身體浮腫，特別是下半身浮腫，久坐久站後特別明顯。

〈壓力大〉
神經緊張，腦子一直轉，甚至有睡眠失調，睡不熟易醒睡不飽。

〈身體虛〉
頭昏手，腳冰冷，有點貧血，運動一下就覺得累。

〈經前怒〉
生理期前經前症候群煩躁感，或是經期混亂失調，月經延遲不來。

生活現況 〉

〈應酬族〉
人緣好或因為工作需求，天天都有聚餐跟應酬，還拒絕不了美食誘惑。

〈便祕族〉
無法天天排便，覺得小腹愈來愈大，或有排便但是沒排乾淨，心情不美麗。

〈飯麵控〉
沒有吃飯、麵條，就覺得沒有吃正餐的空虛感，甚至一吃就要吃好幾碗。

〈宵夜族〉
半夜嘴很饞，或是工作需輪班，不知道半夜算哪一餐，困擾該吃什麼。

〈暴食族〉
隨時都覺得餓，感覺怎麼都吃不飽，開心或不開心都會想暴食。

減半期取代澱粉的主食食譜

花椰菜飯、豆腐飯、櫛瓜麵、蒟蒻麵——
用替代材料，減醣不減量

習慣每天都有米飯和麵食等基本澱粉類當主食的亞洲人，很難一下子就捨棄飯麵的口感和飲食習慣，因此，在剛開始減醣飲食的初階減半期，除了先將米飯分量減半之外，也可慢慢在米飯裡混搭紫米、十穀米、地瓜和南瓜等膳食纖維含量較多的澱粉，再來就可以聰明地使用跟飯、麵很像的減醣「替代澱粉食材」：花椰菜米、豆腐飯、櫛瓜麵和蒟蒻麵都是很棒的選擇。不僅吃起來的口感和飽足感，都和原本的飯麵主食相差不大，然而含醣量卻大大的降低，膳食纖維量也增加，非常建議各位在開始減醣飲食的初期做搭配，把握不壓抑、不挨餓的重點原則，慢慢習慣減醣質的飲食，再進到下個階段。

含醣量（每100g）

花椰菜飯	豆腐飯	米飯
2.5g	5.4g	**40.4**g
櫛瓜麵	蒟蒻麵	義大利麵
0.9g	2.3g	**70.8**g

蛋皮壽司
〔p.090〕

松子青醬海鮮櫛瓜麵
〔p.096〕

味噌蛋豆腐飯
〔p.104〕

Cauliflower

花椰菜飯

材料　・白花椰菜 …… 1顆

分量　・一餐一人份100g（可一次做好大量常備）

　　　　※一顆600g的花椰菜，約可做400g花椰菜米。

作法

1. 白花椰菜去除葉子後洗淨，切成一朵一朵，梗也切小塊。

2. 放入調理機，打碎成米粒狀。

　　※注意！不要打過頭變成泥狀。

3. 打好的花椰菜米用廚房紙巾吸水，分裝成100g小袋，即可冷凍備用。

1

2-1

2-2

花椰菜 清洗方法

1. 將整顆花椰菜「頭朝下」，浸泡在鹽水中。會切掉的梗部分，露出在水面。

2. 更換鹽水2～3次，蟲應該能浮出表面。

3. 將整顆花椰菜取出沖洗後，按照作法1切成小塊。

4. 將切成小塊的花椰菜（含梗）放入瀝水籃中，仔細沖洗即可。

Tips

＊預防花椰菜米變色，可擠入少許檸檬汁。

＊如果家中沒有食物調理機，也可以直接將步驟1的花椰菜小朵和梗用菜刀剁碎。

營養師小叮嚀

為什麼要「整顆先泡鹽水」？

因為農藥大多是水溶性的，不建議將白花椰菜切塊後再浸泡，這樣農藥溶於水中，水又會延著切面進入菜內部，反而洗不乾淨。

Cauliflower 01.

雞肉咖哩薑黃花椰菜飯

材料（2人份）

- 橄欖油 —— 1小匙
- 大蒜（切碎）—— 2小瓣
- 白洋蔥（切碎）—— 30g
- 雞腿肉（切片）—— 200g
- 海鹽 —— 少許
- 黑胡椒 —— 少許
- 白花椰菜米 —— 100g
- 紫洋蔥（切碎）—— 30g
- 咖哩粉 —— 1小匙
- 薑黃粉 —— 1/4小匙
- 雞蛋（打散）—— 2顆
- 薑末 —— 少許
- 蔥末（綠色部分）—— 少許
- 市售咖哩粉 —— 2大匙

作法

1. 小火熱鍋後，倒入橄欖油，先放入切碎蒜末跟白洋蔥爆香。

2. 放入切片雞腿肉，撒上海鹽跟黑胡椒，兩面煎至金黃熟透後取出備用。

3. 不洗鍋，放入花椰菜米和紫洋蔥，加入咖哩粉跟薑黃粉翻炒，接著倒入蛋液，均勻拌炒至蛋凝固。

4. 放入蔥末、再撒上一些海鹽跟黑胡椒後盛盤，最後再鋪上2的雞腿肉即可。

 素 → 把雞腿肉換成煎豆腐，也是很棒的蛋白質營養來源。

營養師小叮嚀

咖哩和薑黃對於改善氣血失調和手腳冰冷，都有很好的效果；搭配含醣量只有白米飯的6%的白花椰菜米，不僅讓減醣計劃超好執行，還能幫助代謝。

想吃甜

好水腫

壓力大

身體虛

經前怒

應酬族

便祕族

飯麵控

宵夜族

暴食族

50道絕對吃飽的減醣食譜

膳食纖維**2.9**g｜含醣量**8.4**g｜蛋白質**48.2**g｜脂肪**36.8**g｜熱量**573**kcal

Cauliflower 02.

鮮蝦時蔬
花椰菜飯

材料（1人份）

· 紅蘿蔔 …… 100g
· 黃椒 …… 50g
· 蛋 …… 1顆
· 橄欖油 …… 1小匙
· 大蒜（切碎） …… 2小瓣
· 洋蔥（切碎） …… 30g
· 青豆仁 …… 80g
· 白花椰菜米 …… 100g
· 蝦子（約5尾） …… 150g
· 海鹽 …… 適量
· 芝麻油 …… 1小匙
· 黑胡椒 …… 適量
· 蔥末（綠色部分） …… 少許

Tips

＊對蝦子過敏的話，也可用花枝或肉片替換；紅蘿蔔丁和青豆仁可用現成三色冷凍蔬菜代替。

作法

1. 紅蘿蔔和黃椒切丁、蛋打散備用，平底鍋熱鍋後倒入橄欖油，先放蒜末跟洋蔥爆香。

2. 加入紅蘿蔔丁跟青豆仁，等炒軟後加入白花椰菜米跟蛋液，均勻拌炒至蛋凝固，撒上海鹽跟芝麻油調味。

3. 放入蝦子跟黃椒，加上黑胡椒粉，等蝦子熟了後撒上蔥末，即可起鍋盛盤。

營養師小叮嚀

這道食譜有大量蔬菜，膳食纖維很多，讓排便更順暢。而紅蘿蔔含有ß-胡蘿蔔素，黃椒則有玉米黃素，中和自由基，有抗壓、減壓的效果喔！

適合
類型

想吃甜

好水腫

壓力大

身體虛

經前怒

應酬族

便祕族

飯麵控

宵夜族

暴食族

50道絕對吃飽的減醣食譜／

0
8
3

膳食纖維 **11.1**g ｜ 含醣量 **18.4**g ｜ 蛋白質 **52.9**g ｜ 脂肪 **20.8**g ｜ 熱量 **504**kcal

03.

南瓜起司
海鮮花椰菜燉飯

 活力食材解密

〔南瓜〕維生素A
→ 保護眼睛好幫手

〔蛤蠣〕鋅
→ 滿滿好體力

〔花枝〕低脂高蛋白
→ 飽足又營養

材料（1人份）

- 南瓜（約1/4顆）…… 170g
- 昆布高湯 …… 50ml
- 紅蘿蔔 …… 30g
- 綠花椰菜（約5朵）…… 70g
- 橄欖油 …… 1小匙
- 大蒜（切碎）…… 2瓣
- 洋蔥（切碎）…… 35g
- 白花椰菜米 …… 100g
- 蛤蠣（約5顆，含殼）…… 100g
- 花枝（約1/2隻）…… 100g
- 白酒 …… 1小匙
- 海鹽 …… 少許
- 帕馬森起司粉 …… 1/2小匙
- 巴西里或義式香料 …… 1小匙

作法

1. 南瓜蒸熟，加入昆布高湯，打成泥備用；紅蘿蔔切丁，綠花椰菜水煮燙熟備用。
   ※可在水煮中加鹽，調味並避免變色。

2. 小火熱鍋後，倒入橄欖油，先放入切碎蒜末跟洋蔥爆香，接著加入白花椰菜米、南瓜泥和紅蘿蔔拌炒拌勻。

3. 放入蛤蠣和花枝，倒入白酒後蓋上鍋蓋悶熟，開蓋後撒上鹽、起司粉跟義式香料即可盛盤，最後再放上綠花椰菜，即可完成。

 素 → 把海鮮改為菇類，同時增加鈣和纖維質含量，美味不變。

適合
類型

想吃甜

好水腫

壓力大

身體虛

經前怒

應酬族

便祕族

飯麵控

宵夜族

暴食族

50道絕對吃飽的減醣食譜／085

膳食纖維**9.8**g｜含醣量**39.8**g｜蛋白質**28**g｜脂肪**6.6**g｜熱量**334**kcal

Cauliflower 04.

太陽蛋
滷肉薑黃飯

材料（1人份）

- 橄欖油 —— 1小匙
- 洋蔥（切碎）—— 30g
- 大蒜（切碎）—— 2瓣
- 豬後腿肉絞肉 —— 200g
  ※或選用瘦肉的絞肉

滷肉調味料

- 醬油 —— 1/2小匙
- 八角 —— 1顆
- 白胡椒粉 —— 1小匙

※醬油選擇黑豆，不添加人工甘味劑的為佳

- 白花椰菜米 —— 100g
- 咖哩粉 —— 1小匙
- 薑黃粉 —— 1/4小匙
- 鹽 —— 少許
- 蛋（半熟煎蛋）—— 1顆
- 蔥末（綠色部分）—— 15g
- 青江菜（約3株，燙熟）—— 90g

- -

作法

1. 小火熱鍋後，倒入橄欖油，先放入切碎蒜末跟洋蔥爆香。

2. 放入豬後腿絞肉和滷肉調味料，炒熟後起鍋備用。

3. 原鍋放入花椰菜米、咖哩粉、薑黃粉和鹽，待米炒軟後蓋鍋悶一下，即可裝入碗。

4. 將2放上3，碗中再放上太陽蛋、戳破，擺上青江菜，撒上蔥末即可完成。

營養師小叮嚀

誰說減肥不能吃滷肉飯？滷肉飯真的好香又美味，減醣之於我們也要顧好我們的心理需求，就把白飯聰明地換成花椰菜米，也可以輕鬆享受傳統美味。

想吃甜

好水腫

壓力大

身體虛

經前怒

應酬族

便祕族

飯麵控

宵夜族

暴食族

膳食纖維**3.9**g｜含醣量**8.6**g｜蛋白質**52**g｜脂肪**24.3**g｜熱量**477**kcal

Cauliflower 05.

韓式泡菜豬石鍋拌花椰菜飯

材料（1人份）

· 豬肉片 …… 100g

〔醃料〕
· 大蒜 …… 4瓣
· 韓式辣椒醬 …… 1大匙
· 醬油 …… 1大匙
· 香油 …… 1大匙

· 橄欖油 …… 1小匙
· 洋蔥（切碎） …… 20g
· 大蒜（切碎） …… 2瓣
· 白花椰菜米 …… 100g
· 韓式泡菜 …… 80g
· 韓式涼拌海帶芽 …… 20g
· 太陽蛋（半熟煎蛋） …… 1顆
· 青江菜（約2株，燙熟） …… 60g
· 蔥花（綠色部分） …… 15g
· 白芝麻 …… 10g

作法

1. 豬肉先用醃料抓醃20分備用。

2. 小火熱鍋後，倒入橄欖油，先放入切碎蒜末跟洋蔥爆香。

3. 放入醃好的豬肉片拌炒，約七～八分熟後放入花椰菜米，待米炒軟後加入泡菜，將所有食材炒勻後盛盤或裝入碗中。

4. 放上太陽蛋、海帶芽和青江菜，撒上蔥花和白芝麻裝飾，即可上桌。

 素 → 把豬肉片改為切片豆干，口味也很棒。

適合
類型

想吃甜

好水腫

壓力大

身體虛

經前怒

應酬族

便祕族

飯麵控

宵夜族

暴食族

膳食纖維**8.3**g｜含醣量**9.8**g｜蛋白質**33**g｜脂肪**30.7**g｜熱量**475**kcal

 *Cauliflower* 06.

蛋皮壽司

 活力食材解密

〔雞蛋〕卵磷脂
→ 幫助合成膽鹼，促進壞的膽固醇代謝

〔水煮鮪魚罐頭〕Omega-3
→ 抗發炎、幫助脂肪代謝

〔紫菜〕碘
→ 為甲狀腺素必要元素，促進新陳代謝

材料（1人份）

· 雞蛋（打散）…… 1顆
· 海鹽 …… 適量
· 橄欖油 …… 1小匙
· 花椰菜米 …… 100g
· 水煮鮪魚罐頭 …… 90g
　　※罐頭水要瀝掉。
· 洋蔥（切碎）…… 30g
· 紫菜 …… 1張
· 紅蘿蔔（約20g）…… 1長條
· 小黃瓜（約30g）…… 1長條

Tips

＊因為花椰菜米不像一般白米一樣有黏性，所以用保鮮膜固定，以免散開。

＊如果家中沒有壽司用竹捲，也可以將蛋皮切半圓，直接做成兩個手捲。

作法

1. 雞蛋打散加少許海鹽，平底鍋熱鍋後，將1小匙橄欖油倒在廚房用紙巾上，再用紙巾抹在鍋底，用小火煎成蛋皮備用。

　※蛋液倒入平底鍋後，拿起平底鍋柄，不斷地將蛋液繞圈，讓蛋皮平均受熱；然後小心地從邊緣將整張蛋皮拿起來。

2. 小火熱鍋後，倒入橄欖油，加入花椰菜米、鮪魚罐頭和洋蔥拌炒，再撒少許海鹽調味後備用。

3. 取壽司用竹捲，先鋪上保鮮膜後，再依序放上蛋皮和紫菜；接著鋪上2，擺上紅蘿蔔條和小黃瓜條，然後斜切成一半，拿掉保鮮膜即可上桌。

想吃甜

好水腫

壓力大

身體虛

經前怒

應酬族

便祕族

飯麵控

宵夜族

暴食族

50道絕對吃飽的減糖食譜／

膳食纖維 **3.3**g ｜ 含醣量 **7.5**g ｜ 蛋白質 **28.7**g ｜ 脂肪 **13**g ｜ 熱量 **270**kcal

櫛瓜麵

材料

- 櫛瓜 …… 3條
- 海鹽 …… 2小匙

作法

1. 先把櫛瓜洗乾淨，去掉蒂頭，對半切後，用刨絲器刨成細長的麵條狀。
   ※可以用刨絲器或蔬果用刨絲器。

2. 將刨好的櫛瓜麵條放入大碗中，撒上少許鹽巴，靜置15~30分鐘，等待出水。

3. 將出水的櫛瓜麵撈起，用手輕輕擠壓，或是用豆漿濾布包起、把水分擠出，即可用來代替義大利麵。

1-1

1-2

營養師小叮嚀

除了用櫛瓜麵之外，書中有許多料理的蔬菜搭配，
我都有用到櫛瓜，因為櫛瓜含鉀離子，有助消除水
腫，想減重瘦身一定要搭配它喔！

Zucchini

07.

白酒蒜蝦
義大利櫛瓜麵

材料（1人份）

· 紅椒 …… 50g
· 黃椒 …… 50g
· 奶油 …… 10g
· 橄欖油 …… 1小匙
· 大蒜（切片）…… 3瓣
· 蝦子（約5尾）…… 150g
· 雞高湯 …… 80ml
· 白酒 …… 2大匙
  ※白酒請選用不甜的。
· 檸檬汁 …… 少許
· 黑胡椒 …… 少許
· 海鹽 …… 少許
· 柳松菇 …… 50g
· 櫛瓜麵 …… 200g
· 新鮮巴西里（切碎）…… 10g

Tips

＊因櫛瓜麵不需要等水煮開
再下鍋，可以將櫛瓜麵加
上一些油，用平底鍋拌炒
軟化，或是直接把櫛瓜麵
淋上醬汁即可。

作法

1. 紅椒和黃椒切絲備用。中火熱鍋後，
   加入奶油和橄欖油，接著放入大蒜拌
   炒約30秒。

2. 加入蝦子，炒到半熟後，將雞高湯倒
   入鍋中，接著再倒入白酒、檸檬汁、
   黑胡椒跟海鹽，將鍋中食材拌勻。

3. 蓋上鍋蓋，將蝦子悶熟後撈起備用
   （不含醬汁）。

4. 原鍋放入切絲彩椒和柳松菇，待炒軟
   後盛盤。

5. 放上櫛瓜麵、淋上鍋內醬汁，擺上蝦
   子，最後撒上新鮮巴西里裝飾即可。

營養師小叮嚀

蝦子有蝦紅素，
保護心血管，低
脂高蛋白的特
性，讓晚下班的
宵夜族也可以輕
鬆選擇。

適合類型

想吃甜

好水腫

壓力大

身體虛

經前怒

應酬族

便祕族

飯麵控

宵夜族

暴食族

50道絕對吃飽的減醣食譜

膳食纖維**4.3**g｜含醣量**15.1**g｜蛋白質**40.2**g｜脂肪**14.6**g｜熱量**370**kcal

Zucchini

08.

松子青醬
海鮮櫛瓜麵

 活力食材解密

〔羅勒葉〕維生素A
→ 抗自由基
〔松子〕好的油脂+纖維
→ 幫助消化順暢
〔櫛瓜麵〕鉀
→ 幫助消水腫

材料（1人份）

〔青醬〕2人份
- 羅勒葉 ⋯⋯ 20g
- 橄欖油 ⋯⋯ 1小匙
- 蒜頭 ⋯⋯ 1顆
- 松子（生的） ⋯⋯ 8g
- 帕馬森起司粉 ⋯⋯ 10g
- 黑胡椒粒 ⋯⋯ 少許

  ※羅勒葉可換成九層塔

- 奶油 ⋯⋯ 10g
- 蒜頭（切碎或切片） ⋯⋯ 2瓣
- 蛤蠣（先吐砂） ⋯⋯ 10顆
- 雞高湯 ⋯⋯ 150ml
- 自製青醬 ⋯⋯ 30g
- 九層塔 ⋯⋯ 3~5片
- 櫛瓜麵 ⋯⋯ 200g

作法

〔青醬〕

1. 將羅勒葉洗乾淨、瀝乾水分，放入調理機，倒入一半的橄欖油，加入蒜頭、松子、帕瑪森起司粉和黑胡椒粒。

2. 一邊打碎、再慢慢倒入另一半的橄欖油，打起來的青醬才不會青澀。

3. 打至成泥狀後，即可以裝入玻璃容器保存備用。

   ※自製青醬容易氧化，必須冷藏，並儘快在兩週內食用完畢。

〔麵〕

1. 中火熱鍋後，用奶油爆香蒜頭。

2. 放入蛤蠣、倒入雞高湯，再加入自製青醬，大火快速翻炒至湯收汁，起鍋前加進九層塔，熄火備用。

3. 將櫛瓜麵放入盤中，把2淋上麵，拌勻後即可完成。

096

營養師的減醣生活提案〈Part 3〉

適合
類型

想吃甜

好水腫

壓力大

身體虛

經前怒

應酬族

便祕族

飯麵控

宵夜族

暴食族

50道絕對吃飽的減醣食譜

097

膳食纖維**6g**｜含醣量**10.55g**｜蛋白質**25g**｜脂肪**14.2g**｜熱量**262kcal**

 Konjac 09.

日式豚骨蒟蒻湯麵

材料（1人份）

〔豚骨高湯〕4碗份
- 豬大骨 …… 1kg
- 水 …… 2L
- 蔥（切10~15cm蔥段）…… 4支
- 大蒜 …… 10瓣
- 味噌 …… 2大匙
- 海鹽 …… 少許

〔叉燒〕3碗份
- 豬梅花肉 …… 300g
- 薑片 …… 3片
- 蔥（斜切蔥段）…… 1支

- 米酒 …… 2大匙
- 醬油 …… 6大匙
- 味醂 …… 3大匙
- 筍絲 …… 少許

〔溏心蛋〕
- 蛋 …… 2顆
- 醬油 …… 適量
- 味醂 …… 適量
- 水 …… 適量

※醬油：味醂：水
比例是2:1:2

〔麵〕1碗份
- 蒟蒻麵（1包）…… 180g
- 木耳（約1片半，切絲）…… 30g
- 高麗菜（手撕小片）…… 150g
- 蔥花（綠色部分）…… 10g
- 日式海苔 …… 2片
- 糖心蛋 …… 1個
- 白芝麻 …… 少許
- 海苔 …… 2片

作法

〔豚骨湯底〕

1. 準備一鍋冷水，將洗淨的豬大骨放進鍋中，以中火煮滾。待骨頭上的肉煮到變色後，將大骨撈起，用清水稍稍將表面雜質沖乾淨。

2. 另起一鍋2.5L清水，放入大骨、蔥段和大蒜，煮滾後轉中小火，微滾30分鐘後，把骨頭撈起，加入鹽跟味噌，再滾10分鐘即可。

〔叉燒〕

1. 將梅花肉用棉線捆成圓柱狀。

1

2. 將捆好的肉捲，和其他叉燒的材料一起放入電鍋，外鍋加兩杯水，待蒸熟即可。

〔溏心蛋〕

1. 將雞蛋放入一鍋冷水中，煮6分鐘。

2. 將蛋撈出，並迅速放入冰塊水中冷卻。

3. 等雞蛋冷卻後即可剝殼。將剝好的雞蛋放入醬汁中浸泡兩小時，冰起來更入味。

〔麵〕

1. 將蒟蒻麵、木耳和高麗菜燙熟後撈起；日式叉燒切片，溏心蛋對半切。

2. 依序將蒟蒻麵、筍乾、蔥花和日式叉燒放入碗中，接著倒入湯頭，在麵上放溏心蛋和海苔，即可完成。

※可以用棉線切蛋，蛋黃就不會留在刀子上。

適合類型

想吃甜

好水腫

壓力大

身體虛

經前怒

應酬族

便祕族

飯麵控

宵夜族

暴食族

膳食纖維**10.5**g｜含醣量**20.7**g｜蛋白質**33.8**g｜脂肪**24**g｜熱量**491**kcal

Konjac

10.

越式涼拌
牛肉蒟蒻麵

材料（1人份）

〔醬汁〕

- 檸檬汁 …… 1大匙
- 魚露 …… 1大匙
- 醋 …… 1大匙
- 蒜泥 …… 1小匙
- 赤藻糖醇 …… 2小匙
- 飲用水 …… 30ml

〔牛肉和配料〕

- 牛肉片 …… 100g
- 蒟蒻麵 …… 180g
- 紅蘿蔔 …… 30g
- 小黃瓜 …… 30g
- 洋蔥 …… 30g
- 花生米 …… 5粒
- 香菜 …… 少許

作法

1. 所有醬汁的材料拌勻，做成醬汁備用；牛肉片川燙後備用；紅蘿蔔、小黃瓜和洋蔥洗淨後，切絲備用。

2. 蒟蒻麵汆燙兩分鐘後撈出，用水冷卻，瀝乾後裝入碗中，放上紅蘿蔔、小黃瓜和洋蔥，最後加上花生米、牛肉和香菜，淋上醬汁，冷藏1小時後即可完成。

營養師小叮嚀

牛肉富含鐵質，可以幫助貧血及常頭暈的女性朋友補給一下，料理有搭配檸檬汁，富含維生素C，會幫助鐵吸收。
記得補鐵的同時，請不要在餐中喝茶或咖啡，茶因茶鹼會影響鐵質吸收，最好在吃完後兩個小時之後再喝。
蒟蒻本身還是算加工品，鈉含量還是算高，記得吃完要多喝水，避免口渴及水腫喔！

想吃甜

好水腫

壓力大

身體虛

經前怒

應酬族

便祕族

飯麵控

宵夜族

暴食族

50道絕對吃飽的減醣食譜／

101

膳食纖維**4.2**g｜含醣量**10.1**g｜蛋白質**21.6**g｜脂肪**20.9**g｜熱量**333**kcal

Tofu

豆腐飯

材料

· 板豆腐 ⋯⋯ 3塊

作法

1. 把整塊板豆腐壓碎，可以用手撕，或是用食物調理機打成碎塊（約1公分左右）。

2. 用棉紗材質的過濾布包住碎豆腐，將水份擠出，越乾越好。

1

2

營養師小叮嚀

花椰菜飯和豆腐飯，要吃哪一種呢？

豆腐飯基本的營養價值，主要為蛋白質跟脂肪，跟白花椰菜米相比，還是花椰菜以蔬菜為主軸、在「低熱量」跟「高膳食纖維」上略勝一籌。
不過，以豆腐飯當主食還是有很多好處，可以補充大豆異黃酮、有養顏美容的效果，除此之外，豆腐飯因為含有油脂，會比吃花椰菜米來得更有飽足感，再加上豆腐料理起來比花椰菜容易些，味道也很平易近人，建議大家可以輪流替換這兩種替代主食澱粉。

3. 把擠出水分的碎豆腐放入墊了餐巾紙的容器中，用餐巾紙將碎豆腐完全包覆，以重物壓在上面，把剩餘的水份擠出來。

4. 再將豆腐放入冰箱約1~2小時，讓豆腐乾燥、紮實。

5. 把冰過的豆腐放入平底鍋乾炒，將剩餘水份炒乾，即可分裝冷凍常備使用。

Tofu 11.

味噌蛋
豆腐飯

材料（1人份）

- 橄欖油 …… 1小匙
- 大蒜（切片）…… 2瓣
- 辣椒（切圓片）…… 1/4支
- 洋蔥（切碎）…… 30g
- 豬後腿絞肉 …… 100g
  ※選用瘦肉多的絞肉
- 醬油 …… 1/2小匙
- 豆腐飯 …… 150g
- 杏鮑菇（切碎）…… 50g
- 味噌 …… 1小匙
- 蔥花 …… 少許
- 雞蛋 …… 1個
- 綠花椰菜（約50g，燙熟）…… 3朵

作法

1. 中火熱鍋後放入橄欖油，加入蒜片、辣椒和洋蔥爆香。

2. 加入豬後腿絞肉和醬油，待絞肉約七～八分熟時，放入豆腐飯、切碎杏鮑菇和味噌。

3. 拌炒至絞肉全熟後，起鍋前撒上蔥花；盛盤後在最上面打入一個蛋黃，旁邊擺上燙熟的綠花椰菜，即可完成。

想吃甜

好水腫

壓力大

身體虛

經前怒

應酬族

便祕族

飯麵控

宵夜族

暴食族

50道絕對吃飽的減醣食譜／

1
0
5

膳食纖維**4.5**g｜含醣量**15.1**g｜蛋白質**43.1**g｜脂肪**18.8**g｜熱量**416**kcal

補充蛋白質、增肌減脂的減醣肉料理

雞肉、豬肉、牛肉

減肥千萬不要害怕吃肉！很多愛美的女性朋友，常誤以為吃肉會胖很快，不敢吃肉，每天都只吃燙蔬菜來減肥。其實適量攝取肉類食物，能提供人體細胞、結構組成必須的蛋白質，避免掉髮、鞏固肌膚膠原蛋白，更重要的是幫助荷爾蒙平衡，讓生理期順利。另外也能增加飽足感，幫助減肥計畫更持久。像是豬肉，含有豐富的維生素B群；雞肉則有低脂、高蛋白的特性，牛肉鐵質含量高能幫助補血。

小提醒！料理時注意這些事，可以避免油脂攝取過量。例如：煮雞肉料理的時候，可以把雞腿去皮後再煮，或是換成低脂的雞胸肉。另外，豬肉、牛肉的部分，雖然松阪豬、牛腩吃起來口感比較嫩，但脂肪含量也較高，想吃的話還是要拿捏一下份量，吃過量還是會變胖的喔。

記得在吃這些肉類料理時，要有意識地增加蔬菜的份量，讓菜的比例目測比肉多，把握菜:肉=2:1的原則，可以讓第一到三階段減醣減肥計畫更順利。

蔬菜紅酒燉牛肉
〔p.136〕

嫩煎松阪豬排
〔p.126〕

芥末檸檬醬雞丁
〔p.114〕

重要營養素（每100g）

雞肉	含醣量	脂肪	蛋白質	鈣(mg)	磷(mg)	鐵(mg)	維生素B1(mg)	維生素B2(mg)
雞腿肉（去骨）	0	8.7	18.5	4	151	0.9	0.10	0.19
雞胸肉（去皮）	0	0.9	22.4	1	223	0.4	0.13	0.08
雞里肌肉	0	0.6	24.2	3	207	0.5	0.12	0.09
豬肉	含醣量	脂肪	蛋白質	鈣(mg)	磷(mg)	鐵(mg)	維生素B1(mg)	維生素B2(mg)
豬五花肉片（帶皮）	0	32.9	14.9	5	121	0.5	0.49	0.11
豬里肌肉	0	14.4	19.2	4	128	0.6	0.88	0.14
豬後腿肉	0	4	20.4	4	190	1.0	0.70	0.16
絞肉（90%瘦肉）	0	14	18.5	5	205	0.8	0.62	0.18
牛肉	含醣量	脂肪	蛋白質	鈣(mg)	磷(mg)	鐵(mg)	維生素B1(mg)	維生素B2(mg)
牛小排	0	28.9	15.1	9	141	2.1	0.07	0.17
牛五花肉片	0	40.3	15.7	4	91	1.0	0.06	0.12
牛腩	0	29.6	14.8	5	177	2.3	0.05	0.13

Chicken

12.

柑橘檸檬
香煎雞腿排

活力食材解密

〔去骨雞腿排〕低脂高蛋白
→ 蛋白質有飽足感，幫助分泌色
　胺酸合成血清素，給你好心情

〔黑胡椒粉〕胡椒素
→ 幫助血液循環

〔柑橘〕類黃酮
→ 抗壓好幫手

材料（1人份）

- 去骨雞腿排（約1塊）…… 200g

〔醃料〕
- 檸檬（榨汁）…… 1個
- 海鹽 …… 適量
- 義大利香料 …… 適量

- 橄欖油 …… 1小匙
- 大蒜（切碎）…… 2瓣
- 紫洋蔥（切碎）…… 30g
- 柑橘（切片）…… 1個
- 黑胡椒粉 …… 少許
- 迷迭香／百里香／薄荷葉 …… 適量

作法

1. 將雞腿排加入檸檬汁、海鹽跟義大利香料，醃30分鐘。

2. 中火熱鍋，倒入橄欖油，爆香大蒜及紫洋蔥後，將醃好的雞腿肉放入鍋內，兩面煎至金黃。

3. 放入切好的柑橘片，蓋上鍋蓋，小火悶五分鐘。起鍋前依自己口味喜好，撒上適量的黑胡椒粉跟及新鮮香草即可。

Tips

＊如果有烤箱的話，做這道料理就非常方便！只要把所有材料混合、平均鋪在烤盤上，再放入200℃烤箱（要先預熱）烤40分鐘即可。

想吃甜

好水腫

壓力大

身體虛

經前怒

應酬族

便祕族

飯麵控

宵夜族

暴食族

50道絕對吃飽的減醣食譜／

膳食纖維**0.5**g｜含醣量**2.4**g｜蛋白質**33.6**g｜脂肪**27.6**g｜熱量**403**kcal

Chicken 13.

柚香雞腿排

材料（1人份）

- 柚子醬 …… 1大匙
- 味醂 …… 1小匙
- 去骨雞腿排 …… 200g
- 黑胡椒 …… 適量
- 海鹽 …… 少許
- 小番茄 …… 5顆
- 甜豆 …… 50g

作法

1. 將柚子醬和味醂放入夾鍊袋中，混合均勻。

2. 將雞腿排放入夾鏈袋封好，輕輕揉捏，讓所有調味料均勻裹上雞肉，壓出空氣密封後放置15分鐘。

3. 取出調味好的雞腿排，中火熱鍋，不用另外加油，將雞腿皮那面朝下煎，隨自己口味喜好撒上適量黑胡椒和鹽，待兩面都變熟即可。

4. 盛盤後擺上小番茄和甜豆即完成。

營養師小叮嚀

柚子醬甜甜的口感，跟小番茄酸甜口感，滿足想吃甜的慾望，再加上小番茄含有茄紅素，能結合自由基，輕鬆幫你減壓；甜豆含有ß-胡蘿蔔素跟鉀離子，助循環又消腫，讓你心理身體都滿足。

適合
類型

想吃甜

好水腫

壓力大

身體虛

經前怒

應酬族

便祕族

飯麵控

宵夜族

暴食族

50道絕對吃飽的減醣食譜／

膳食纖維**2.2**g｜含醣量**16.1**g｜蛋白質**35.3**g｜脂肪**23.4**g｜熱量**434**kcal

Chicken

14.

蒜炒櫛瓜雞腿肉

 活力食材解密

〔櫛瓜〕鉀離子
→ 排鈉消腫好幫手

〔紫洋蔥〕花青素
→ 抗自由基減壓好幫手

材料（1人份）

- 去骨雞腿排 …… 100g
- 黃櫛瓜 …… 75g
- 綠櫛瓜 …… 75g
- 紫洋蔥 …… 70g
- 橄欖油 …… 1小匙
- 蒜頭（切片）…… 3瓣
- 九層塔 …… 10g
- 黑胡椒 …… 少許
- 檸檬汁 …… 10c.c

作法

1. 將雞腿肉切成適口大小，櫛瓜切半圓片，洋蔥切塊。

2. 中火熱鍋後，倒入橄欖油，把蒜片煎出香味後，放入雞腿肉。

3. 雞腿肉約七分熟後，再加入櫛瓜和洋蔥一起拌炒。

4. 蔬菜炒軟後，蓋上鍋蓋，約悶煮5分鐘，最後加入適量黑胡椒和九層塔，起鍋前淋上檸檬汁做提味即可。

適合
類型

想吃甜

好水腫

壓力大

身體虛

經前怒

應酬族

便祕族

飯麵控

宵夜族

暴食族

1
1
3

膳食纖維**2.8**g | 含醣量**6.8**g | 蛋白質**20.3**g | 脂肪**16.5**g | 熱量**266**kcal

 *Chicken*

15.

芥末
檸檬醬雞丁

 活力食材解密

〔黃芥末〕芥子油
 → 抗氧化幫助循環
〔大蒜〕蒜素
 → 保健心血管
〔生薑〕薑烯油
 → 幫助暖身血液循環

材料（1人份）

· 去骨雞腿肉 …… 200g

〔醃料〕
· 檸檬（榨汁）…… 1/2顆
· 醬油 …… 2小匙
· 味醂 …… 1小匙
· 黃芥末 …… 1小匙
· 玉米粉 …… 5g

· 橄欖油 …… 1小匙
· 大蒜（切碎）…… 2瓣
· 生薑 …… 3片
· 紅蘿蔔（切圓片）…… 50g
· 紫洋蔥（切絲）…… 30g
· 清酒 …… 1小匙
· 蔥末（取綠色部分）…… 10g

作法

1. 將雞腿肉切丁，約1.5公分，再用醃料抓醃拌勻，放置15分鐘。

2. 中火熱鍋，倒入橄欖油，放入大蒜跟薑片爆香後，放入雞丁煎熟。

3. 加入紅蘿蔔和洋蔥，再加點清酒炒軟，起鍋前撒點青蔥，即可完成。

 Tips

＊蔬菜可以換自己喜歡的。

想吃甜

好水腫

壓力大

身體虛

經前怒

應酬族

便祕族

飯麵控

宵夜族

暴食族

50道絕對吃飽的減醣食譜／

膳食纖維**1.9**g ｜ 含醣量**10.6**g ｜ 蛋白質**34.3**g ｜ 脂肪**27.7**g ｜ 熱量**444**kcal

Chicken 16.

酪梨醬
香煎雞腿肉

材料（1人份）

· 去骨雞腿肉　200g

〔醃料〕
· 白酒 ⋯⋯ 2大匙
· 薑泥 ⋯⋯ 1小匙
· 蒜泥 ⋯⋯ 1小匙
· 咖哩粉 ⋯⋯ 2大匙
· 黑胡椒 ⋯⋯ 少許

· 紅椒 ⋯⋯ 40g
· 黃椒 ⋯⋯ 40g
· 小豆苗 ⋯⋯ 40g
　※可挑選自己喜歡的蔬菜

〔酪梨起司醬〕
· 酪梨（約1個）⋯⋯ 140g
· 奶油起司 ⋯⋯ 40g
· 檸檬汁 ⋯⋯ 2小匙
· 海鹽 ⋯⋯ 少許

作法

1. 將酪梨切小塊，用叉子搗碎後加入奶油起司、檸檬汁跟海鹽，攪拌均勻備用。 紅椒和黃椒切絲備用。

2. 將雞腿排和醃料放入夾鏈袋中，輕輕揉捏，讓所有調味料均勻裹上雞肉；壓出空氣密封後，冷藏1小時。

3. 取出雞腿肉，將皮朝下、放入鍋中，雙面煎熟後盛盤，加上1和蔬菜即完成。

※甜椒可和雞腿肉一起煎。

營養師小叮嚀

酪梨膳食纖維含量多，又含有好的油脂，很適合身體虛手腳冰冷，又有排便不順的朋友食用。起司有豐富的鈣、鎂及色胺酸，可以安定情緒，讓想暴食的你感到滿足。

適合類型

想吃甜

好水腫

壓力大

身體虛

經前怒

應酬族

便祕族

飯麵控

宵夜族

暴食族

50道絕對吃飽的減醣食譜／

膳食纖維**6.2**g｜含醣量**12.5**g｜蛋白質**40.1**g｜脂肪**31.2**g｜熱量**523**kcal

Chicken

17.

雞腿
栗子腰果

〔紅椒/黃椒/青椒〕**維生素C**
→ 蔬菜中維生素C含量數一數二高的

〔腰果〕**鎂**
→ 舒緩情緒，好的油脂可減緩生理
　期前不適

〔栗子〕**膳食纖維**
→ 幫助排便好順暢

材料

· 去骨雞腿排　200g

〔醃料〕
· 海鹽 …… 少許
· 米酒 …… 1小匙
· 醬油 …… 1大匙
· 玉米粉 …… 5g

· 紅椒／黃椒／青椒 …… 共100g
· 木耳（約2片） …… 50g
· 橄欖油 …… 1大匙
· 大蒜（切碎） …… 2瓣
· 腰果 …… 15g
· 栗子（約6顆，蒸好） …… 60g
　※電鍋約蒸20分鐘
· 海鹽 …… 適量
· 白胡椒 …… 適量

作法

1. 將雞腿排切適口大小，再用醃醬抓醃拌勻，靜置15分鐘。彩椒、青椒和木耳切塊備用。

2. 中火熱平底鍋後加入橄欖油，將大蒜爆香，接著放入醃好的雞腿肉，煎至七～八熟後，再加入木耳、紅椒、黃椒和青椒。

3. 將2炒熟，起鍋前再用鹽和白胡椒調味，倒入已蒸熟的栗子再稍微拌炒一下，即可盛盤。

想吃甜

好水腫

壓力大

身體虛

經前怒

應酬族

便祕族

飯麵控

宵夜族

暴食族

50道絕對吃飽的減醣食譜

膳食纖維**10.1**g｜含醣量**25**g｜蛋白質**37.9**g｜脂肪**33**g｜熱量**591**kcal

Pork

18.

豬里肌肉捲

材料（1人份）

· 豬里肌肉片　100g

　　※也可改用豬梅花肉片。

· 紫洋蔥（切絲）…… 45g

· 玉米筍（8根，縱切）…… 80g

· 蒟蒻塊（切條）…… 100g

　　※將蒟蒻塊切成適口厚度。

· 橄欖油 …… 1小匙

· 海鹽 …… 適量

· 黑胡椒 …… 少許

· 蘿蔓（約2片）…… 10g

· 小番茄 …… 50g

· 小豆苗 …… 25g

· 檸檬汁 …… 1小匙

作法

1. 用里肌肉片把洋蔥絲、蒟蒻條和玉米筍捲起來備用。

　　※一片肉捲一個玉米筍和一個蒟蒻條。

2. 中火熱平底鍋後，加入橄欖油，將肉片捲放到鍋子裡煎；滾動肉片捲讓它均勻受熱。

　　※放入鍋中時，肉片接縫部位朝下，才不會散開。

3. 肉片捲約七、八分熟後，蓋上鍋蓋悶5分鐘；起鍋前撒上海鹽和黑胡椒，起鍋後在盤中加入蔬菜裝飾，並淋上少許檸檬汁即可完成。

 素 → 將豬肉片改成濕豆皮，就是一道蛋白質豐富的豆皮捲了。

營養師小叮嚀

豬里肌含有豐富的B群，很適合勞累的應酬族，搭配各種蔬菜，很適合晚上肚子餓、熬夜想吃宵夜的朋友做選擇。

想吃甜

好水腫

壓力大

身體虛

經前怒

應酬族

便祕族

飯麵控

宵夜族

暴食族

50道絕對吃飽的減醣食譜／

膳食纖維**4.3**g｜含醣量**8.9**g｜蛋白質**22.9**g｜脂肪**19.8**g｜熱量**324**kcal

Pork

19.

番茄菇菇 松阪豬

材料（2人份）

- 松阪豬肉片 …… 200g
- 醬油 …… 2小匙
- 牛番茄（1個）…… 150g
- 小黃瓜（1條）…… 85g
- 蔥（1支）…… 40g
- 秀珍菇 …… 100g
- 橄欖油 …… 1小匙
- 黑麻油 …… 少許

作法

1. 將豬肉片放入一個調理碗中，以醬油抓醃10分鐘。

2. 將牛番茄切塊，小黃瓜切片，蔥切段（約2cm），秀珍菇剝小塊備用。

3. 中火熱鍋，放入橄欖油，拌炒醃好的豬肉，再放入秀珍菇稍微拌炒，然後依序加入切好的番茄和黃瓜。

4. 最後加入黑麻油和蔥段，小火煮滾後即完成。

營養師小叮嚀

這道料理很適合女生喔！除了生理期前覺得很全身水腫、煩躁不舒服，又感覺很餓的時候可以吃，也非常適合在生理期結束的減肥黃金時期搭配。

松阪豬含有豐富的蛋白質跟油脂，可滿足味蕾，吃飽不挨餓；搭配大量的菇類跟番茄，含有多醣體纖維跟鉀離子，幫助循環消腫；黑麻油則適合生理期前跟生理期後食用，幫助養血循環。

想吃甜

好水腫

壓力大

身體虛

經前怒

應酬族

便祕族

飯麵控

宵夜族

暴食族

50道絕對吃飽的減醣食譜／

1
2
3

膳食纖維**4.4**g｜含醣量**12.1**g｜蛋白質**31.5**g｜脂肪**40.4**g｜熱量**550**kcal

什錦纖蔬
豬肉丸

材料（1人份）

〔豬肉丸子〕可做2～3顆
- 豬後腿絞肉 —— 150g
- 荸薺（2顆，切碎）—— 30g
- 紅蘿蔔（切碎）—— 25g
- 洋蔥（切碎）—— 20g
- 蔥末（綠色部分切碎）—— 5g

〔醃料〕
- 海鹽 —— 1/2小匙
- 小茴香 —— 1/2小匙
- 白胡椒粉 —— 1/2小匙
- 花椒粉 —— 1/2小匙
- 玉米粉 —— 5g

- 紅蘿蔔（約1/4條）—— 75g
- 杏鮑菇（約1/4條）—— 25g
- 橄欖油 —— 1小匙
- 大蒜 —— 2瓣
- 辣椒 —— 1/2支
- 薑片 —— 3片
- 水 —— 70ml
- 醬油 —— 1大匙
- 玉米筍（1支）—— 10g
- 蔥段（綠色部分，約2cm長）—— 2支

作法

1. 將豬後腿絞肉撒上醃料，揉捏均勻，再加入切好的荸薺、紅蘿蔔、洋蔥和青蔥，混合揉成2～3顆肉丸子備用。

2. 紅蘿蔔和杏鮑菇切塊備用。中火熱鍋，倒入橄欖油，放入大蒜、辣椒和薑片炒香後，再放入1。

3. 肉丸子表面熟了後，加入水和醬油，再放入紅蘿蔔、杏鮑菇和玉米筍，小火煮滾15分鐘。

4. 起鍋前加入蔥段做裝飾，即可完成。

Tips

＊豬肉丸子可以一次做好多個，放冷凍備用。

膳食纖維 **4.8**g｜含醣量 **18.4**g｜蛋白質 **33.4**g｜脂肪 **7.5**g｜熱量 **329**kcal

想吃甜

好水腫

壓力大

身體虛

經前怒

應酬族

便祕族

飯麵控

宵夜族

暴食族

營養師小叮嚀

外面的肉丸子通常都添加很多澱粉，而且會用油炸，造成身體負擔，自己動手做丸子，可搭配蔬菜還可以掌控調味，建議大家可以一次準備多一些，放在冷凍庫裡，想吃的時候再拿出來加熱即可，安心又方便。

各種辛香料也可以按照個人口味搭配，體虛者還可搭配點肉桂粉跟南薑粉，都是很棒的暖身成分。

Pork

21.
嫩煎
松阪豬排

材料（1人份）

· 松阪豬 ⋯⋯ 100g

〔醃料〕

· 橄欖油 ⋯⋯ 1小匙
· 義式綜合香料 ⋯⋯ 1小匙
· 新鮮迷迭香 ⋯⋯ 1株
· 海鹽 ⋯⋯ 少許
· 白酒 ⋯⋯ 2大匙
· 黑胡椒粉 ⋯⋯ 少許
· 蒜粉 ⋯⋯ 少許

· 橄欖油 ⋯⋯ 1小匙
· 紅椒（約1/4顆） ⋯⋯ 60g
· 黃椒（約1/4顆） ⋯⋯ 60g
· 綠蘆筍（約4~5支） ⋯⋯ 30g
· 紅蘿蔔 ⋯⋯ 30g
· 甜豆（約4~5支） ⋯⋯ 40g

作法

1. 將松阪豬肉以醃料抓醃，靜置15分後備用。

2. 中火熱鍋後，倒入橄欖油，豬肉放入鍋中，煎至兩面均勻上色後，先盛盤備用。鍋中的醬汁淋一半在肉上，留一半在鍋中。

3. 將紅椒、黃椒、綠蘆筍、紅蘿蔔和甜豆放入鍋中，用剩下醬汁拌炒，待熟了之後擺放在豬肉上，即可完成。

※3的蔬菜類可隨自己喜好切絲或切塊。

營養師小叮嚀

蘆筍在歐洲有蔬菜之后的封號，因含有特殊的胺基酸:天門冬胺酸，可以改善全身僵硬，幫助消除疲勞，很適合壓力大的你；甜豆含有β-胡蘿蔔素，抗壓減壓還可保護眼睛。至於松阪豬則含有豐富的B群，適合應酬加班勞累的你。同時，松阪豬是豬後頸肉，脂肪含量稍微高一些，也適合想暴食的你滿足空虛的胃。

膳食纖維**4.4**g ｜ 含醣量**15.3**g ｜ 蛋白質**20.1**g ｜ 脂肪**34**g ｜ 熱量**472**kcal

想吃甜

好水腫

壓力大

身體虛

經前怒

應酬族

便祕族

飯麵控

宵夜族

暴食族

50道絕對吃飽的減醣食譜／

1
2
7

Tips

＊松阪豬也可以用豬里肌肉或是豬後腿肉取代，重點是選用瘦肉的部
位。還有一個料理小訣竅，可以先用肉錘輕輕敲打肉，再抓醃。

彩椒豆干肉絲

材料（1人份）

· 豬肉絲 —— 100g

〔醃料〕

· 米酒 —— 1小匙
· 醬油 —— 1小匙
· 玉米粉 —— 1小匙
· 孜然粉 —— 1/2小匙
· 花椒粉 —— 1/2小匙

※孜然粉請選用非烤肉用的，否則會太鹹。

· 豆干（約4片）—— 120g
· 青椒（約1/2個）—— 60g
· 彩色甜椒（紅黃椒各40g）—— 80g
· 橄欖油 —— 1小匙
· 大蒜 —— 2瓣
· 洋蔥（切碎）—— 30g
· 辣椒（切圓片）—— 1/2支

作法

1. 將豬肉絲與醃料混合抓醃，靜置1小時備用。豆干、青椒和彩色甜椒切絲備用。

2. 中火熱鍋後倒入橄欖油，將大蒜、洋蔥和辣椒炒香後放入肉絲。

3. 用中小火炒到肉絲半熟，再放入豆干絲拌炒；最後再放入青椒和彩色甜椒炒熟，即可盛盤。

營養師小叮嚀

各種顏色的甜椒，滿滿的玉米黃素、類胡蘿蔔素及葉黃素，幫助清除自由基，很適合壓力大的你食用。豆干沒有膽固醇，含有大豆纖維跟大豆卵磷脂，保護心血管，宵夜族適量吃很安心。

想
吃
甜

好
水
腫

**壓
力
大**

身
體
虛

經
前
怒

應
酬
族

**便
祕
族**

飯
麵
控

**宵
夜
族**

暴
食
族

50道絕對吃飽的減醣食譜／

膳食纖維**7.1**g｜含醣量**12.6**g｜蛋白質**40.8**g｜脂肪**29.8**g｜熱量**511**kcal

Beef

23.

番茄牛肉

材料（1人份）

- 橄欖油 …… 1小匙
- 大蒜（切碎）…… 2瓣
- 牛番茄（大的1個，切塊）…… 250g
- 牛肉片 …… 150g
- 柳松菇 …… 50g
- 韭菜 …… 少許
- 海鹽 …… 少許
- 黑胡椒 …… 少許

作法

1. 中火熱鍋後倒入橄欖油，爆香大蒜，放入切塊蕃茄。

2. 待番茄煮軟後，再放入牛肉片；待肉片五分熟時，放入柳松菇，起鍋前加入調味料和韭菜即可盛盤。

營養師小叮嚀

番茄含有豐富的鉀跟茄紅素，養顏美容又可以消水腫。柳松菇則含有多醣體纖維，提升免疫力讓熬夜一族可以好好保養；韭菜中的硫化物，是心血管保健助循環好幫手。

想吃甜

好水腫

壓力大

身體虛

經前怒

應酬族

便祕族

飯麵控

宵夜族

暴食族

50道絕對吃飽的減醣食譜

膳食纖維**3.3**g｜含醣量**9.7**g｜蛋白質**32.3**g｜脂肪**33.5**g｜熱量**485**kcal

Beef

24.

香煎牛小排

材料（1人份）

- 綠櫛瓜 …… 75g
- 黃櫛瓜 …… 75g
- 紅椒 …… 70g
- 黃椒 …… 70g
- 南瓜 …… 50g
- 綠花椰菜 …… 50g
- 牛小排（約200g）…… 1塊
- 黑胡椒 …… 適量
- 橄欖油 …… 1小匙
- 玫瑰鹽 …… 少許

作法

1. 把櫛瓜切圓片，甜椒和南瓜切塊，綠花椰菜洗淨後燙熟備用；牛小排兩面抹上黑胡椒。

2. 大火熱鍋後倒入橄欖油，將牛小排煎到自己喜歡的熟度後盛盤。

3. 將櫛瓜、甜椒和南瓜放入原鍋，用牛肉的肉汁和油炒熟後，和花椰菜一起放入裝牛小排的盤子，將玫瑰鹽放旁邊即可。

營養師小叮嚀

這道料理牛小排搭配南瓜跟各式蔬菜，可以吃很飽，建議大家可以放在周末的晚餐，好好的幫自己身體補滿營養，吃飽也可以多去走走，身心都放鬆開心，瘦身效果愈好囉！

想吃甜

好水腫

壓力大

身體虛

經前怒

應酬族

便祕族

飯麵控

宵夜族

暴食族

50道絕對吃飽的減醣食譜／

1
3
3

膳食纖維**6.7**g｜含醣量**16.8**g｜蛋白質**40.5**g｜脂肪**41.6**g｜熱量**625**kcal

Beef

25.

牛肉漢堡排

材料（1人份）

〔沙拉〕
· 蘿蔓葉（約4~5片）…… 50g
· 紅捲生菜 …… 40g
· 小蕃茄 …… 80g
· 櫛瓜 …… 70g
· 市售和風醬 …… 少許

〔馬鈴薯泥〕
· 馬鈴薯（小的1/4）…… 40g
· 無糖豆漿 …… 1小匙
· 黑胡椒鹽 …… 少許

〔漢堡排〕
· 牛絞肉 …… 150g

〔醃料〕
· 蒜頭（切碎）…… 3瓣
· 薑 （切碎）…… 20g
· 雞蛋（打散）…… 1/2顆
· 海鹽 …… 少許
· 黑胡椒 …… 少許
· 肉桂粉 …… 少許
· 義大利香料 …… 少許

· 洋蔥（切碎）…… 30g
· 橄欖油 …… 1小匙

作法

〔沙拉和馬鈴薯泥〕

1. 將所有沙拉要用的蔬菜洗好、切好後瀝乾備用。

2. 馬鈴薯削皮、切1.5cm小塊，蒸熟後加入豆漿和黑胡椒鹽，用叉子搗碎後備用。

〔漢堡排〕

1. 將牛絞肉、洋蔥和醃料置於調理碗中，攪拌均勻，並在碗中摔打數下，增加黏性；將絞肉捏成橢圓形肉丸，再用輕輕拍平成餅狀。

※也可以先用手取出一個漢堡排分量的絞肉，在雙手間來回拋摔。

2. 中火熱鍋，倒入橄欖油，將拍平的牛絞肉放入鍋中，兩面煎熟後盛盤，再搭配生菜沙拉跟馬鈴薯泥即可完成。

Tips

＊可一次做好多個牛肉餅冷凍常備，要吃的時候再取出煎熟即可。

膳食纖維**4.3**g｜含醣量**14.6**g｜蛋白質**37.2**g｜脂肪**38.8**g｜熱量**560**kcal

適合
類型

想吃甜

好水腫

壓力大

身體虛

經前怒

應酬族

便祕族

飯麵控

宵夜族

暴食族

營養師小叮嚀

這道料理中的各式蔬菜，補充各種維生素植化素，可以幫助
對抗壓力煩躁；肉桂粉溫熱的特性，則是幫助循環好代謝。

Beef

26.

蔬菜紅酒燉牛肉

〔小馬鈴薯〕鉀、膳食纖維
→ 幫助排水、腸道順暢

〔牛肉〕維生素B12
→ 補鐵補血紅潤好氣色

〔紅酒〕白藜蘆醇
→ 幫助抗氧化、保護心血管循環

材料（2人份）

- 洋蔥（1/2個）⋯⋯ 120g
- 紅蘿蔔 ⋯⋯ 100g
- 西洋芹（約1根）⋯⋯ 30g
- 小馬鈴薯（約1個）⋯⋯ 70g
- 大蒜 ⋯⋯ 5瓣
- 洋蔥 ⋯⋯ 30g
- 牛肉 ⋯⋯ 200克
- 橄欖油 ⋯⋯ 1小匙
- 紅酒 ⋯⋯ 200ml
- 高湯 ⋯⋯ 600ml
- 番茄糊 ⋯⋯ 2大匙
- 月桂葉 ⋯⋯ 3片
- 百里香葉 ⋯⋯ 少許
- 海鹽 ⋯⋯ 1小匙
- 黑胡椒 ⋯⋯ 1小匙

Tips

＊ 建議使用鑄鐵鍋，利用鍋具的特性將這道料理燉煮得更美味。

＊ 不用紅酒的話，也可以改用水果酒。

作法

1. 將洋蔥、紅蘿蔔、西洋芹和馬鈴薯切小塊，大蒜和洋蔥切碎，牛肉切成比適口大小略大的牛肉塊備用。

2. 熱鍋後倒入橄欖油，加入蒜末及洋蔥炒出香味，接著放入牛肉塊，炒至半熟。

3. 加入紅酒稍微拌煮一下，再放入紅蘿蔔、西洋芹和馬鈴薯，然後倒入高湯。

   ※先加紅酒的原因是要讓酒精煮至揮發。

4. 待3微滾後，加入番茄糊、月桂葉及百里香；煮滾後轉小火，再燉煮30分鐘；起鍋前放入鹽及黑胡椒粉調味，即可完成。

想吃甜

好水腫

壓力大

身體虛

經前怒

應酬族

便祕族

飯麵控

宵夜族

暴食族

50道絕對吃飽的減醣食譜

膳食纖維**8.7**g｜含醣量**28.6**g｜蛋白質**38**g｜脂肪**41.2**g｜熱量**680**kcal

低脂瘦身、養顏抗老的海鮮料理

魚、花枝、貝類

海鮮有低脂肪、高蛋白營養豐富的特性，只要食材夠新鮮，即使簡單汆燙、清炒就很鮮美，是人體獲取優質蛋白質的最佳來源之一。而且魚貝類、蝦＆墨魚類因為以海中的藻類為食，含有豐富人體無法自行合成的Omage-3多元不飽和脂肪酸，以及EPA、DHA等營養素。

適量攝取能幫助抗發炎，減少身體發炎反應產生，保護心血管、活化腦細胞、避免中風、降低憂鬱情緒的發生。如果擔心膽固醇的問題，建議食用時盡量避開蝦蟹、甲殼類，以及魚貝類的中內臟、卵黃。

現在被譽為可以保護心血管的優良飲食——地中海料理，也是以海鮮跟魚類為主要蛋白質來源，搭配橄欖油跟堅果，也是減少精緻糖的飲食方式。

建議大家一週至少吃三次以上的魚，可以幫助穩定血壓，避免老人失智，甚至可以增進小朋友的學習力喔！

涼拌泰式酸辣海鮮
〔p.150〕

清蒸檸檬魚
〔p.152〕

綜合海鮮燒烤
〔p.148〕

重要營養素（單位每100g）

魚類	含醣量	脂肪	蛋白質	鈣(mg)	磷(mg)	鐵(mg)
鮭魚（去皮）	0	14.9	20.2	6	226	0.1
鯖魚	0.2	39.4	14.4	7	160	1.4
鮪魚	0	0.1	23.3	4	229	0.9
鱸魚	0.9	1.5	19.9	17	212	0.4
鯛魚	2.5	3.6	18.2	14	166	0.2
虱目魚（含皮）	0	11.9	21.8	16	244	0.7
秋刀魚	0	25.9	18.8	11	182	0.9
蝦＆墨魚類	含醣量	脂肪	蛋白質	鈣(mg)	磷(mg)	鐵(mg)
白蝦	0	1.0	21.9	98	254	2.3
草蝦	1.0	0.7	22	5	244	0.3
花枝（烏賊）	3.7	0.6	12.2	10	95	0.1
章魚	0.9	0.6	13.0	14	111	6.1
貝類	含醣量	脂肪	蛋白質	鈣(mg)	磷(mg)	鐵(mg)
蛤蜊（文蛤）	2.7	0.5	7.6	106	100	8.2
海瓜子	4.1	0.5	7.5	130	101	2.7
淡菜（孔雀蛤）	2.6	2.2	17.8	40	449	4.2
牡蠣	4.2	1.6	9.4	84	128	5.2
蜆	0.6	1.4	8.9	58	137	2.4

50道絕對吃飽的減醣食譜／

Seafood

27.

檸檬鮭魚
時蔬串

材料（1人份）

- 鮭魚 …… 200g

〔醃醬〕
- 橄欖油 …… 1小匙
- 檸檬汁 …… 1小匙
- 海鹽 …… 少許
- 黑胡椒 …… 少許
- 大蒜（切碎）…… 2瓣
  ※也可用大蒜粉替代

- 紅椒（中的1/4顆，切塊）…… 60g
- 黃椒（中的1/4顆，切塊）…… 60g
  ※黃椒可以用黃色櫛瓜1/2條（約120g）替代。
- 紫洋蔥（1/2顆，切塊）…… 120g
- 檸檬汁 …… 1小匙
- 迷迭香 …… 少許

作法

1. 將鮭魚切塊，約3cm大小，均勻淋上醃醬後，靜置於冷藏室20分鐘；甜椒和紫洋蔥切塊備用。

2. 用竹籤交錯串上調味好的鮭魚、紫洋蔥、紅椒和黃椒；平底鍋熱鍋後，將兩面平均煎熟，盛盤後撒上檸檬汁跟迷迭香即可。

   ※家裡有烤箱的話，也可以將鮭魚表面煎熟上色，再放入已預熱過的200度烤箱，烤20分鐘即可。

營養師小叮嚀

檸檬汁和甜椒都含有鉀離子跟抗氧化的植化素，幫助代謝消腫，鮭魚含有Omega幫助抗發炎，減緩經前症候群的不適。

適合
類型

想吃甜

好水腫

壓力大

身體虛

經前怒

應酬族

便祕族

飯麵控

宵夜族

暴食族

50道絕對吃飽的減醣食譜／

膳食纖維**3.9**g ｜ 含醣量**13.4**g ｜ 蛋白質**50.7**g ｜ 脂肪**17.6**g ｜ 熱量**439**kcal

Seafood

28.

香煎鱸魚

♛ 活力食材解密

〔玉米筍〕玉米黃素及膳食纖維
→ 幫助腸道順暢

〔鱸魚〕Omega-3
→ 保護心血管

〔黑麻油〕維生素E
→ 抗氧化幫助身體循環

材料（1人份）

· 雞蛋 —— 1顆
· 地瓜（小的1/2條）—— 60g
· 牛番茄（約1顆）—— 110g
· 娃娃菜（約2株）—— 65g
· 木耳（1片）—— 20g
· 玉米筍（5支）—— 50g
· 甜豆 —— 50g
· 橄欖油 —— 1小匙
· 鱸魚 —— 200g
· 鹽 —— 1小匙
· 醬油 —— 1小匙
· 黑麻油 —— 少許
· 香蒜粉 —— 少許

作法

1. 將雞蛋做成水煮蛋，剝殼後備用；地瓜蒸熟去皮備用；玉米筍和甜豆洗淨，番茄和木耳切成適口大小，娃娃菜切成適口大小，將所有蔬菜類燙熟後備用。

   ※川燙蔬菜的滾水可灑一點鹽。

2. 熱鍋後倒入橄欖油，將魚片下鍋煎熟後盛盤。

   ※如用不沾鍋，可以不放油。

3. 將1擺入盤中，蔬菜類淋上醬油、黑麻油及香蒜粉調味，即可完成。

Tips

＊這道料理中的食材不會變黃，非常適合做便當菜。蔬菜調味也可改用胡麻醬，更好吃。

營養師小叮嚀

這道料理富含Omega-3，深海魚類含有好的油脂，可以吃好油幫助抗氧化，搭配水煮蛋的優良蛋白質，各種必需胺基酸，讓你減肥不怕掉頭髮。另外再搭配烹調比較簡單、都是用燙的蔬菜，玉米筍和木耳都是膳食纖維豐富的蔬菜，不僅可以幫助體內環保排毒，還可增加飽足感。主食選用的高纖澱粉的地瓜，不僅比白飯的GI值低，讓飯後血糖平穩，還可以幫助排便，整道料理的CP值超高。

想吃甜

好水腫

壓力大

身體虛

經前怒

應酬族

便祕族

飯麵控

宵夜族

暴食族

50道絕對吃飽的減醣食譜／

膳食纖維**7.9**g｜含醣量**30**g｜蛋白質**52.2**g｜脂肪**13**g｜熱量**481**kcal

Seafood

29.

川味
水煮魚片

材料（1人份）

- 多利魚片 —— 100克

〔醃料〕

- 蛋白 —— 2個
- 玉米粉 —— 10g
- 花椒粉 —— 1/2小匙
- 白胡椒粉 —— 1/2小匙

〔蔬菜與調味〕

- 舞菇 —— 20g
- 鴻喜菇 —— 30g

 ※菇類可以挑選自己喜歡的

- 黃豆芽菜 —— 100g
- 紅蘿蔔 —— 40g
- 海鹽 —— 少許

〔川味高湯〕

- 橄欖油 —— 1小匙
- 辣椒（剁碎）—— 1支

 ※若用生辣椒的話，建議1支即可；乾辣椒可用到3支。

- 花椒粒 —— 1小匙
- 薑片 —— 3片
- 辣油 —— 1大匙
- 飲用水 —— 500ml

 ※若想增加風味，可將其中200ml替換為昆布高湯

 素 → 把魚片用嫩豆腐替代，就是川味嫩豆腐了。

作法

1. 把多利魚片用醃料醃15分備用。菇類剝成小塊，豆芽菜洗淨瀝乾，紅蘿蔔切圓片備用。

2. 湯鍋倒入橄欖油，熱鍋後加入辣椒和薑片稍微爆香，接著加入其他川味高湯的材料，攪拌煮到微滾，再加入多利魚片煮滾。

3. 放入準備好的菇類、紅蘿蔔片和黃豆芽煮熟，起鍋前放一些海鹽調味，即可起鍋。

營養師小叮嚀

這次設計了一款很適合手腳冰冷女性專用的麻辣鍋，搭配各式蔬菜，而蛋白質放的是魚片，低脂纖維多，讓想吃辣的你也可以安心吃。

適合
類型

想吃甜

好水腫

壓力大

身體虛

經前怒

應酬族

便祕族

飯麵控

宵夜族

暴食族

50道絕對吃飽的減醣食譜

膳食纖維**4.3**g｜含醣量**16.1**g｜蛋白質**35.9**g｜脂肪**24.9**g｜熱量**439**kcal

Seafood

30.

花枝沙拉

材料（2人份）

- 馬鈴薯（約1/4顆）⋯⋯ 50g
- 小番茄（約6顆）⋯⋯ 60g
- 蘿蔓葉（約3片）⋯⋯ 60g
- 紅捲生菜 ⋯⋯ 50g
- 紫洋蔥（約1/3顆）⋯⋯ 50g
- 花枝（1隻）⋯⋯ 200g
- 橄欖油 ⋯⋯ 1小匙
- 大蒜（切碎）⋯⋯ 2瓣
- 白葡萄酒 ⋯⋯ 2大匙
- 九層塔 ⋯⋯ 1把
- 海鹽 ⋯⋯ 少許
- 黑胡椒 ⋯⋯ 少許
- 胡麻醬 ⋯⋯ 1大匙

作法

1. 馬鈴薯蒸熟後，切小塊備用；小番茄洗淨對切，蘿蔓葉和紅捲生菜洗淨備用；紫洋蔥切絲，花枝切圈備用。

2. 平底鍋熱鍋後倒入橄欖油，放入蒜末爆香，加入切圈花枝、白酒和九層塔，稍微拌炒後，蓋上鍋蓋悶2分鐘，撒上海鹽和黑胡椒即可起鍋。

3. 取個大盤子或碗，鋪上蘿蔓葉和紅捲生菜，依序放入花枝、馬鈴薯、小番茄和紫洋蔥，淋上少許胡麻醬即可完成。

 Tips

＊胡麻醬也可以改用日式和風醬。

營養師小叮嚀

這道料理有各式各樣的蔬菜，如果買不到可以找其他蔬菜代替，花枝吃起來口感很好又低脂，讓想暴食的你可以滿足，記得慢慢咬，讓大腦飽食中樞收到訊號，增加飽足感喔。

想吃甜

好水腫

壓力大

身體虛

經前怒

應酬族

便祕族

飯麵控

宵夜族

暴食族

50道絕對吃飽的減醣食譜

1
4
7

膳食纖維**6.1**g｜含醣量**27.4**g｜蛋白質**31.1**g｜脂肪**14.6**g｜熱量**372**kcal

Seafood

31.

綜合
海鮮燒烤

材料（1人份）

- 橄欖油 ⋯⋯ 1小匙
- 大蒜（切碎）⋯⋯ 2瓣
- 紅辣椒（切碎）⋯⋯ 1/4支
- 草蝦（約6尾）⋯⋯ 175g
- 花枝（1/2隻，切圈）⋯⋯ 100g
- 文蛤（帶殼，約10個）⋯⋯ 200g
- 白酒 ⋯⋯ 2大匙
- 綠花椰菜（約5朵，燙熟）⋯⋯ 70g
- 小番茄（約6顆）⋯⋯ 60g
- 海鹽 ⋯⋯ 少許
- 黑胡椒粉 ⋯⋯ 少許

作法

1. 平底鍋熱鍋後倒入橄欖油，放入大蒜和辣椒炒香，接著放入蝦子。

    ※蝦子先剪掉鬚比較好處理。

2. 蝦子變紅後，放入花枝、文蛤和白酒，稍微拌一下，再放入綠花椰菜和對切小番茄。

3. 等文蛤打開，撒上一些海鹽和黑胡椒粉調味即可。

營養師小叮嚀

很晚回家不知道要吃甚麼嗎？海鮮料理會是很棒的選擇，低脂肪又含有多種礦物質，幫疲累的身心加點營養吧！

適合
類型

想吃甜

好水腫

壓力大

身體虛

經前怒

應酬族

便祕族

飯麵控

宵夜族

暴食族

50道絕對吃飽的減醣食譜／

1
4
9

膳食纖維**3.2**g ｜ 含醣量**17.1**g ｜ 蛋白質**62.6**g ｜ 脂肪**7.4**g ｜ 熱量**385**kcal

Seafood

32.

涼拌泰式
酸辣海鮮

材料（1人份）

· 花枝（約1/2隻）…… 100g
· 蝦（約6隻）…… 180g
· 橄欖油 …… 1小匙
· 大干貝（約2顆）…… 40g
· 小黃瓜（約1/2條）…… 35g
· 紫洋蔥 …… 50g
· 小番茄（約8顆）…… 80g
· 杏鮑菇（約1支）…… 50g

〔醬料〕

· 泰式甜酸醬 …… 50ml
· 檸檬汁 …… 1大匙
· 大蒜（切碎）…… 1瓣
· 生辣椒（切碎）…… 1/2支
· 魚露 …… 1大匙
· 海鹽 …… 1/2小匙
· 糖 …… 1小匙
· 芹菜 …… 1小把

作法

1. 將花枝切圈後，和蝦子一起燙熟，
   放入冷水冰鎮備用；熱鍋後加入橄
   欖油，將大干貝煎熟後備用。

2. 小黃瓜和紫洋蔥切絲，小番茄對半
   切，杏鮑菇切小塊、燙熟後備用。

3. 把醬料拌勻，分別和1、2放入冰箱
   冷藏一小時，取出後把醬料和食材
   拌勻就可以了。

營養師小叮嚀

低脂高蛋白的海
鮮，吃飽吃營養
之餘，搭配含有
花青素的紫洋
蔥，抗氧化助循
環給你減壓好心
情。

適合
類型

想吃甜

好水腫

壓力大

身體虛

經前怒

應酬族

便祕族

飯麵控

宵夜族

暴食族

膳食纖維**4.4**g｜含醣量**20.2**g｜蛋白質**42.4**g｜脂肪**5.3**g｜熱量**304**kcal

Seafood

33.

清蒸
檸檬魚

材料（1人份）

- 鱸魚 ⋯⋯ 100g
- 大蒜（切碎）⋯⋯ 3瓣
- 薑末 ⋯⋯ 適量
- 薑黃粉 ⋯⋯ 1/2小匙
- 檸檬汁 ⋯⋯ 1小匙
- 辣椒（切圓片）⋯⋯ 1/2支
- 醬油 ⋯⋯ 1小匙
- 味醂 ⋯⋯ 1大匙
- 蔥（綠色部分切碎）⋯⋯ 15g

作法

1. 把鱸魚片放入可加熱的盤中，把蒜末、薑末、辣椒和薑黃粉撒在魚片上，接著淋上檸檬汁、醬油和味醂。

2. 先將蒸鍋的水加熱，水滾後將1放入。
   ※也可使用電鍋的蒸熟功能。

3. 魚片熟後即可起鍋，要吃之前撒上蔥花、放上檸檬片即可。

營養師小叮嚀

這道料理要當成一餐的話，一定要再加上至少200g的蔬菜類。可以參考其他料理中的方法，自己搭配喜歡的蔬菜。

想吃甜

好水腫

壓力大

身體虛

經前怒

應酬族

便祕族

飯麵控

宵夜族

暴食族

50道絕對吃飽的減醣食譜／

1
5
3

膳食纖維**0.1**g ｜ 含醣量**11.2**g ｜ 蛋白質**18.4**g ｜ 脂肪**3.6**g ｜ 熱量**147**kcal

睡前吃也OK！
無負擔的輕食宵夜

蛋、豆類、豆製品

過去很多人都害怕膽固醇過高而不敢吃蛋。但美國心血管協會研究證實，「蛋」是最棒的營養價值來源，為優質蛋白質來源，能夠補足減肥中容易缺乏之蛋白質。而且雞蛋富含卵磷脂、維生素B1，以及多種礦物質、維生素等，高達8種人體必須胺基酸，不僅是建構頭髮、皮膚膠原蛋白及肌肉的重要元素，也是燃燒脂肪不可或缺之營養。

豆類、豆製品是很好的植物性蛋白質來源，因為不含膽固醇、富含膳食纖維，能增加飽足感、促進人體腸道蠕動、改善便祕，對於減重瘦身族來說，是很好的蛋白質食物來源。尤其黃豆裡獨特的「大豆異黃酮」植化素成分，除了抗氧化力佳，更和人體雌激素結構類似，適度攝取能輔助平衡荷爾蒙、調節女性雌激素分泌不足的問題。

毛豆香菇豆皮
〔p.160〕

蛤蜊茶碗蒸
〔p.156〕

魠仔魚煎蛋
〔p.158〕

重要營養素（每100g）

蛋類	含醣量	脂肪	蛋白質	維生素B12 (ug)
雞蛋	1.8	8.8	12.5	0.86
鴨蛋	0.2	14.4	13.1	2.24
皮蛋（雞蛋）	3.0	8.1	12.5	1.18
豆類	含醣量	脂肪	蛋白質	膳食纖維(g)
黃豆	32.9	15.7	35.6	14.5
黑豆	37.0	8.2	28.8	22.4
毛豆	13.7	2.5	13.8	8.7
紅豆	61.5	0.6	20.9	18.5
綠豆	63	1.1	22.8	15.8
豆製品	含醣量	脂肪	蛋白質	膳食纖維(g)
豆漿（無糖）	0.7	1.9	3.6	1.3
傳統豆腐	6.0	3.4	8.5	0.6
黑豆干	2.1	12.5	19	7.8
豆皮（豆腐皮）	4.5	8.8	25.3	0.6

34.

蛤蜊
茶碗蒸

材料（1人份）

· 雞蛋 …… 2顆
· 柴魚高湯 …… 100ml
· 海鹽 …… 少許
· 文蛤（約5顆，帶殼）…… 100g
· 鮭魚卵 …… 10g
· 蔥花 …… 少許

作法

1. 將蛋加入高湯，均勻打散後過篩，倒入可加熱的容器中，撒上一點鹽調味。
   ※一定要過篩，吃起來才會滑嫩。

2. 放入電鍋內，先蒸3分鐘，接著開蓋放入文蛤，再繼續蒸5分鐘。

3. 起鍋後，撒上鮭魚卵及蔥花即可。

營養師小叮嚀

蛤蜊含有豐富的鋅，能提升體力，搭配蛋有豐富的必需胺基酸，很適合疲累的上班族當宵夜或應酬前的輕食。

Tips

＊想要蛋汁更有鮮味，直接將文蛤放入，不分段蒸10分鐘。

想吃甜

好水腫

壓力大

身體虛

經前怒

應酬族

便祕族

飯麵控

宵夜族

暴食族

膳食纖維**0**g ｜ 含醣量**1.8**g ｜ 蛋白質**16.9**g ｜ 脂肪**9**g ｜ 熱量**155**kcal

35.

魩仔魚
煎蛋

材料（1人份）

- 魩仔魚 …… 50g
- 橄欖油 …… 1小匙
- 大蒜（切碎）…… 2瓣
- 蛋 …… 3顆
- 洋蔥 …… 40g
- 鹽 …… 1/4小匙
- 青蔥 …… 15g

作法

1. 將魩仔魚清洗後瀝乾，平底鍋熱鍋後，倒入橄欖油，將大蒜爆香，再倒入洗淨瀝乾的魩仔魚炒熟，盛起備用。

2. 將蛋打散，加入魩仔魚、切碎的洋蔥、鹽和青蔥拌勻。

3. 平底鍋熱鍋後，倒入橄欖油，將2倒入鍋中，兩面煎熟後即可。

營養師小叮嚀

壓力大的朋友們，常會有荷爾蒙不平衡的問題，像是長期處於緊張壓力時，腎上腺皮質固酮就會一直產生，身體會消耗大量的蛋白質，而小小的一顆雞蛋卻含有8種人體必需胺基酸（白胺酸、異白胺酸、纈胺酸、甲硫胺酸、苯丙胺酸、色胺酸、蘇胺酸、賴胺酸），可以幫助合成身體重要組織，如想要有Q彈的皮膚跟長出烏黑的秀髮，一定要多多補充。
記得一定要吃蛋黃，因為含有人體必需要的脂溶性維生素跟礦物質，丟掉蛋黃真的可惜囉！

膳食纖維**0.8**g｜含醣量**6.5**g｜蛋白質**25**g｜脂肪**19.2**g｜熱量**299**kcal

毛豆香菇豆皮

材料（1人份）

- 毛豆仁 ⋯⋯ 60g
- 白豆皮（約2片）⋯⋯ 100g
- 紅蘿蔔 ⋯⋯ 70g
- 筊白筍（約1條）⋯⋯ 60g
- 濕香菇（約3大朵）⋯⋯ 60g
- 黑木耳（約2片）⋯⋯ 40g
- 橄欖油 ⋯⋯ 1小匙
- 蒜頭 ⋯⋯ 2瓣
- 香菇高湯 ⋯⋯ 50ml
- 醬油 ⋯⋯ 1大匙
- 香油 ⋯⋯ 1/2小匙
- 鹽 ⋯⋯ 少許
- 白胡椒粉 ⋯⋯ 少許

Tips

＊這道是蔬食料理，也可另外加點豬肉絲，炒起來更香。

作法

1. 毛豆仁泡水後去皮，白豆皮、紅蘿蔔、筊白筍、香菇和黑木耳切絲備用。

2. 熱鍋後倒入橄欖油，將大蒜爆香，接著依序放入紅蘿蔔、筊白筍和香菇炒軟。

3. 加入香菇高湯，再放入白豆皮、毛豆仁和黑木耳，接著倒入醬油和香油拌炒至熟，起鍋前撒上胡椒粉和鹽調味即可。

營養師小叮嚀

毛豆、黃豆、黑豆都算是豆製品，有豐富的膳食纖維，還有蛋白質，可以增加飽足感之外，還可以讓排便順暢，超棒的食材。

想吃甜

好水腫

壓力大

身體虛

經前怒

應酬族

便祕族

飯麵控

宵夜族

暴食族

50道絕對吃飽的減醣食譜／

161

膳食纖維**12.8**g｜含醣量**15.9**g｜蛋白質**37.9**g｜脂肪**15.3**g｜熱量**397**kcal

營養、美味、
一鍋大滿足的減醣湯

誰說減肥都不能喝湯呢？尤其我自己本身很喜歡喝湯，冬天冷冷的時候就是要來碗熱呼呼的湯呢！跟大家分享，其實只要挑對食材，所有的湯都可以安心喝光光！

特別是針對晚下班、常熬夜、壓力大就想吃的朋友們，來碗營養滿滿的減醣湯，不只是暖你的胃，還可以帶來滿足好心情，曾經有壓力大到睡不著的學生問我：「穎養師，我睡前餓到快瘋掉，但是怕胖不敢吃，然後還餓到睡不著，結果隔天醒來體重還是變重，該怎麼辦？」

我告訴她，「睡眠」占瘦身成功很大一塊因素，餓到睡不好，身體無法好好休息，瘦體素下降，就更容易堆積脂肪，因此不要害怕睡前吃東西，只要選對食材就可以囉。

所以我設計了這幾道減醣湯，重點就是方便煮，讓大家不僅可以肚子餓的時候馬上可以喝，還不用擔心增加身體負擔喔。

昆布味噌豆腐湯
〔p.172〕

韓式豬肉泡菜湯
〔p.174〕

番茄蔬菜湯
〔p.166〕

Soup

37.

起士咖哩
豆腐鍋

 活力食材解密

〔起士〕**蛋白質**
→ 可幫助合成血清素放鬆心情

〔咖哩〕**薑黃素**
→ 血液循環好幫手

〔豆腐〕**鈣、大豆異黃酮**
→ 幫助入睡

材料（2人份）

· 板豆腐（1盒）⋯⋯ 400g
· 橄欖油 ⋯⋯ 1小匙
　※或用巧達起司切塊
· 咖哩粉 ⋯⋯ 1大匙
· 昆布高湯 ⋯⋯ 300ml
· 飲用水 ⋯⋯ 100ml
· 海鹽 ⋯⋯ 少許
· 綠花椰菜 ⋯⋯ 50g
· 起司片 ⋯⋯ 2片
· 無調味堅果 ⋯⋯ 15g

作法

1. 板豆腐切塊，中火熱鍋後加入橄欖油，把豆腐煎至兩面金黃。

2. 將咖哩粉、高湯和水加入1的鍋中，蓋上鍋蓋，燉煮5分鐘。

3. 開蓋撒上少許鹽，放入花椰菜，等煮滾後放入起司與堅果，等起司融化即可上桌。

想吃甜

好水腫

壓力大

身體虛

經前怒

應酬族

便祕族

飯麵控

宵夜族

暴食族

膳食纖維**4.8**g｜含醣量**16.4**g｜蛋白質**25.1**g｜脂肪**23.2**g｜熱量**381**kcal

Soup

38.

番茄
蔬菜湯

材料（2人份）

- 高麗菜 …… 150g
- 紅蘿蔔（約1/2條）…… 130g
- 西洋芹（約1支）…… 30g
- 番茄（約3顆）…… 450g
- 洋蔥（約1/2顆）…… 130g
- 黃椒 …… 120g
- 橄欖油 …… 1小匙
- 大蒜（切碎）…… 2瓣
- 飲用水 …… 600ml
- 番茄糊 …… 1大匙
- 海鹽 …… 少許
- 黑胡椒 …… 少許
- 羅勒葉 …… 1片

作法

1. 高麗菜洗淨切片，紅蘿蔔削皮後切丁，西洋芹切小塊，番茄洗淨後去蒂頭、切塊，洋蔥和黃椒切塊。

2. 熱鍋後加入橄欖油，依序放入大蒜、洋蔥和番茄，拌炒一下後，放入食物調理機打碎，倒出後備用。

3. 將打完的2放回鍋中，加入番茄糊、紅蘿蔔、高麗菜和西洋芹熬煮；煮滾後放入黃椒，再以小火煮滾3分鐘。

4. 起鍋前加入黑胡椒和羅勒葉調味，即可上桌。

營養師小叮嚀

這道蔬菜湯非常適合當大餐美食日隔天的料理，讓腸胃休息淨空的時候食用，人一年365天都在吃東西，偶爾可以讓腸胃稍稍放個假，特別是美食日的隔天，更需要高纖輕食，好好讓身體回復新陳代謝。

適合
類型

想吃甜

好水腫

壓力大

身體虛

經前怒

應酬族

便祕族

飯麵控

宵夜族

暴食族

膳食纖維**14.3**g｜含醣量**45.2**g｜蛋白質**9.63**g｜脂肪**6.3**g｜熱量**314**kcal

Soup 39.

麻油
蔬菜雞湯

材料（2人份）

- 大雞腿（1隻）…… 200g
- 橄欖油 …… 1小匙
- 大蒜（切碎）…… 2瓣
- 老薑（切絲）…… 3片
- 雞高湯 …… 200ml
- 高麗菜心（約4顆）…… 100g
- 袖珍菇 …… 100g
- 玉米筍（約5隻）…… 50g
- 麻油 …… 1大匙
- 海鹽 …… 少許

作法

1. 雞腿肉切塊，先稍微燙一下，去掉血水；熱鍋後倒入橄欖油，加入蒜末和薑絲炒香後，再放入雞腿塊。

2. 炒至五~六分熟後，把1放入湯鍋，加入雞高湯、高麗菜心、袖珍菇和玉米筍，小火煮滾。

3. 起鍋前，加入麻油跟海鹽調味即可。

營養師小叮嚀

許多女生冬天有手腳冰冷問題，外面市售麻油雞有些太油，而且薑爆炒過有些朋友體質不適合，反而會冒痘痘，因此建議麻油可以起鍋前再加，避免太燥熱；生理期前跟後也可以吃這道料理，幫助行血跟子宮收縮讓經血排乾淨。

想吃甜

好水腫

壓力大

身體虛

經前怒

應酬族

便祕族

飯麵控

宵夜族

暴食族

50道絕對吃飽的減醣食譜／

膳食纖維**3.9**g｜含醣量**8.5**g｜蛋白質**39**｜脂肪**43**g｜熱量**591**kcal

Soup

40.

魚片 豆漿鍋

材料（2人份）

· 無糖豆漿 —— 500ml
· 南瓜 —— 50g
· 鴻禧菇 —— 50g
· 娃娃菜（2株）—— 65g
· 玉米筍（約4支）—— 40g
· 鯛魚片 —— 100g
· 文蛤 —— 5個
· 青江菜（約2株）—— 40g
· 海鹽 —— 適量
· 白胡椒粉 —— 適量

作法

1. 先將豆漿加熱，煮滾後，依序放入南瓜、鴻禧菇、娃娃菜、玉米筍和魚片。

2. 等豆漿鍋再一次煮滾後，接著放文蛤和青江菜，再撒上鹽和白胡椒粉調味，即可上桌。

Tips

※豆漿鍋不蓋蓋子，以免噗鍋。材料中所有的蔬菜和菇類，都可以替換成自己喜歡的蔬菜。

營養師小叮嚀

這是一道可以喝湯的營養鍋，滿滿的高纖食材幫助順暢，豆漿跟海鮮含有好的油脂、蛋白質和鋅，可以補充滿滿的體力，非常適合喜愛吃鍋的你當晚餐。

適合
類型

想吃甜

好水腫

壓力大

身體虛

經前怒

應酬族

便秘族

飯麵控

宵夜族

暴食族

含醣量**14.1g** | 膳食纖維**22g** | 蛋白質**49.3g** | 脂肪**14.1g** | 熱量**426**kcal

Soup 41.

昆布味噌
豆腐湯

材料（2人份）

- 洋蔥 …… 80g
- 板豆腐（1盒）…… 400g
- 水 …… 1L
- 昆布 …… 2片
- 柴魚片 …… 10g
- 味噌 …… 3大匙
- 乾海帶芽 …… 少許
- 蔥花（綠色部分）適量
- 白芝麻 …… 少許

作法

1. 洋蔥和板豆腐切塊備用。將昆布放入水中，水滾後轉小火再煮滾5分鐘後，把昆布撈出；將柴魚片加入鍋中，再用小火煮滾約1分鐘後，把柴魚片撈起。
   ※也可直接加入柴魚粉。

2. 在1的鍋中放入味噌，待味噌化開後，加入豆腐和洋蔥，蓋上鍋蓋，等湯煮滾3分鐘後即可熄火。

3. 在碗裡放入乾海帶芽，將煮好的味噌湯舀入碗中，撒上蔥花和白芝麻。

營養師小叮嚀

昆布含有膳食纖維跟碘，可以促進新陳代謝，另外味噌跟豆腐含有大豆異黃酮，跟鈣質都可以幫助入睡，睡前很適合來一碗。

想吃甜

好水腫

壓力大

身體虛

經前怒

應酬族

便祕族

飯麵控

宵夜族

暴食族

50道絕對吃飽的減醣食譜

膳食纖維**3.8**g｜含醣量**22.8**g｜蛋白質**28.7**｜脂肪**12.9**g｜熱量**330**kcal

Soup

42.

韓式豬肉泡菜湯

材料（1人份）

- 豬里肌肉片 …… 100g

〔醃料〕
- 大醬 …… 1小匙
- 醬油 …… 1小匙

- 嫩豆腐（約1/2塊）…… 150g
- 濕香菇（約2朵）…… 50g
- 金針菇（約1把）…… 120g
- 橄欖油 …… 1小匙
- 大蒜（切片）…… 2瓣
- 辣椒（切圓片）…… 1根
- 洋蔥（切絲）35g
- 韓式泡菜 …… 80g
- 高湯 …… 200ml
- 飲用水 …… 100ml
- 蛋 …… 1個
- 蔥末（綠色部分）…… 10g

作法

1. 將肉片用大醬和醬油醃15分鐘，豆腐切成適口大小，金針菇切半，香菇切小塊。

2. 將湯鍋加熱後，先倒入橄欖油爆香蒜片和辣椒，接著將醃過的肉片和洋蔥絲放入鍋中拌炒。

3. 洋蔥絲炒軟、肉片炒至七～八分熟後，倒入泡菜、高湯和水。

4. 湯滾後，加入香菇和金針菇，中火煮滾，準備起鍋前打入一顆蛋，蛋黃半熟後，再加入胡椒粉和蔥末，即可起鍋。

營養師小叮嚀

發酵的泡菜搭配菇類，都是腸道好菌的食物養分來源，另外辣椒也是個冬天暖身的好食材，提醒大家這道料理鈉含量會比較高，吃完記得多喝水。

適合
類型

想吃甜

好水腫

壓力大

身體虛

經前怒

應酬族

便祕族

飯麵控

宵夜族

暴食族

50道絕對吃飽的減醣食譜

膳食纖維**8.7**g｜含醣量**15.8**g｜蛋白質**39.4**g｜脂肪**28.5**g｜熱量**510**kcal

Soup

43.

洋蔥蔬菜
起司湯

材料（1人份）

· 洋蔥（約1/2顆）…… 130g
· 鴻喜菇…… 50g
· 紅蘿蔔…… 50g
· 綠花椰菜…… 60g
· 奶油…… 10g
· 蒜頭（切碎）…… 1瓣
· 鹽…… 1小匙
· 高湯…… 500ml
· 玉米粒…… 15g
· 起司片…… 2片
· 黑胡椒粉…… 少許

作法

1. 洋蔥切小塊，鴻喜菇洗淨後撥成小株，紅蘿蔔切丁後，和綠花椰菜一起燙熟備用。

2. 熱鍋後放入奶油，爆香蒜頭和洋蔥，倒入高湯，小火熬煮至洋蔥呈現焦糖色變色後，撒上鹽調味。

3. 加入鴻喜菇、紅蘿蔔、花椰菜和玉米粒，煮至滾後，轉小火再滾3分鐘。

4. 起鍋前鋪上起司片，撒上黑胡椒粉稍微調味，即可上桌。

想吃甜

好水腫

壓力大

身體虛

經前怒

應酬族

便祕族

飯麵控

宵夜族

暴食族

50道絕對吃飽的減醣食譜

膳食纖維**7.7**g｜含醣量**20.3**g｜蛋白質**9.9**g｜脂肪**14.3**g｜熱量**267**kcal

營養師的
私房減醣甜品

飲料、甜點

想減肥，首要就是戒甜食跟甜飲，我想這是大家都已經耳熟能詳的觀念，但是大腦知道、心理不一定認同，而身體更是做不到，特別是對於已經有糖上癮的朋友們，一下子要戒掉甜食和甜飲更是不可能的任務。

再加上其實有蠻多朋友是重度腦力工作者，很需要用大腦思考，而大腦主要的營養，優先來源就是葡萄糖，在減醣的過程中，有些人還是會有不適應的情況，這時候我建議，不用完全斷糖，還是可以運用天然帶有微甜口感的根莖類澱粉及少量的水果的糖分，來平衡一下想吃蛋糕跟手搖甜飲的慾望。

豆渣酥餅
〔p.190〕

雞蛋布丁
〔p.188〕

好心情水果水
〔p.186〕

在甜品的品項中，我設計了水果水，讓不喜歡、不習慣喝無味白開水的朋友，補充水分的同時，又能喝到有點微甜的口感，協助你的減醣生活更快進到下一個階段。其他這幾道減醣甜品跟飲品，都算好含醣量給大家了，方便給減醣第二階段的朋友作參考。

對於我自己來說，工作很忙需要大量思考時，也會選擇這些減醣甜品跟飲品，因為比起外面動輒一杯珍珠奶茶就含有100公克以上的糖，這幾道甜品飲料安全多囉。

Dessert
44.

枸杞紅棗
黑木耳養生飲

 活力食材解密

〔黑木耳〕膳食纖維
→ 腸道順暢清道夫

〔鳳梨〕鳳梨酵素
→ 幫助消化解決胃脹氣

〔枸杞〕玉米黃素
→ 抗氧化清除自由基

材料（2人份）

· 鳳梨（去皮，約1/4顆）……90g
· 黑木耳……85g
· 紅棗（去籽）……5顆
· 枸杞……少許
· 水……500ml
· 飲用水……350ml

作法

1. 鳳梨切塊，將木耳、紅棗和枸杞放入鍋中，煮至木耳軟爛為止。

   ※用500ml的水煮，等煮完時，水約有200~300ml。

   ※紅棗也可買有籽的，下鍋前再手剝去籽。

2. 將1倒入果汁機裡，加入鳳梨和水，均勻的打散即可。

   ※鳳梨也可買現成切好的盒裝，比較方便。

營養師小叮嚀

這是一道專為女孩設計、用喝的保養品！不僅有木耳的多醣體纖維和鳳梨的豐富酵素幫助排便、枸杞的玉米黃素顧眼睛，還有紅棗讓你有好氣色。如果遇到經期期間，也可以加一點老薑，改善手腳冰冷的狀況。

想吃甜

好水腫

壓力大

身體虛

經前怒

應酬族

便祕族

飯麵控

宵夜族

暴食族

50道絕對吃飽的減醣食譜／

膳食纖維**8.1**g｜含醣量**17.6**g｜蛋白質**1.7**g｜脂肪**0.2**g｜熱量**103**kcal

活力食材解密

Dessert
45.

酪梨堅果
香蕉豆奶

〔酪梨〕**單元不飽和脂肪酸**
→ 抗發炎，同時也可以減緩飢餓感

〔香蕉〕**鉀**
→ 幫助消水腫避免抽筋，可以運動
前跟後來搭配食用

〔豆漿〕**大豆異黃酮**
→ 幫助合成女性荷爾蒙穩定情緒

材料（1人份）

· 酪梨（約1/2個）…… 70g

· 香蕉（約1/3根）…… 50g

· 無糖豆漿 …… 240ml

· 無調味堅果 …… 10g

· 赤藻醣醇 …… 10g

作法

1. 酪梨削皮後切小塊，香蕉切小塊。

2. 把所有材料加入食物調理機，均勻
的打散即可。

營養師小叮嚀

這道飲品作法非常簡單，又富含豐富的蛋白質和優質油脂，想要練肌肉的話一定要學起來怎麼做。

適合
類型

想吃甜

好水腫

壓力大

身體虛

經前怒

應酬族

便祕族

飯麵控

宵夜族

暴食族

膳食纖維**7.1**g｜含醣量**17.6**g｜蛋白質**12.1**g｜脂肪**12.5**g｜熱量**235**kcal

Dessert 46.

甜菜根豆奶
拿鐵老薑飲

材料（1人份）

- 甜菜根（約半顆）⋯⋯ 150g
- 老薑 ⋯⋯ 20g
- 豆漿 ⋯⋯ 240ml

　※選用無糖豆漿，可依照個人口味
　　添加赤藻糖醇增加甜味。

作法

1. 甜菜根削皮後切小塊，老薑切小片備用。

2. 將豆漿加熱，接著把豆漿和1的材料加入果汁機或食物調理機中，均勻打散即可。

營養師小叮嚀

甜菜根含有大量鉀離子根膳食纖維，搭配老薑幫助暖身循環，很適合女性在生理期和生理期中減緩不適。

適合
類型

想吃甜

好水腫

壓力大

身體虛

經前怒

應酬族

便祕族

飯麵控

宵夜族

暴食族

50道絕對吃飽的減醣食譜／

膳食纖維**7.2**g｜含醣量**11.7**g｜蛋白質**10.8**g｜脂肪**5**g｜熱量**146**kcal

Dessert 47.

好心情
水果水

材料（1人份）

· 黑櫻桃、蘋果、西洋芹 …… 適量

· 鳳梨、檸檬、小黃瓜 …… 適量

· 葡萄、紅蘿蔔、藍莓 …… 適量

· 紅椒、黃椒、黃金奇異果 …… 適量

· 薄荷葉 …… 少許

作法

1. 準備一個約800ml的容器。

2. 水果連皮洗淨，如鳳梨這類需要削皮的水果則削皮；切成小塊，或直接戳洞。

3. 將2裝入容器，倒入飲用水，浸泡30分鐘後即可飲用。

營養師小叮嚀

水果水的食材，可以依照個人的喜好跟當季水果來做選擇，建議顏色愈豐富愈好，甜的選一些、酸的選一些，裝起來不超過一個吃飯的碗，記得水果要用流動的水沖洗幾次。
水果水可以再加水回沖，通常我不建議把水果都吃掉，原因是大部分的糖分還留在水果裡，不小心就會吃到過量的糖。至於水果水有沒有排毒的功效，我認為，喝足夠的水，就可以幫助代謝了，這些加了水果的水，是方便不喜歡沒味道白開水的朋友而設計，搭配一些顏色豐富的水果，讓你喝起來心情美美，又有許多水溶性的抗氧化植化素會溶於水，當然量是不多，但是至少達到聰明補水的目的囉！另外，如果想將開水換成氣泡水也是可以的。

想吃甜

好水腫

壓力大

身體虛

經前怒

應酬族

便祕族

飯麵控

宵夜族

暴食族

50道絕對吃飽的減醣食譜／

1
8
7

膳食纖維0g｜含醣量10g｜蛋白質0g｜脂肪0g｜熱量40kcal

Dessert 48.

雞蛋布丁

材料（1人份）

· 豆漿 …… 240ml
　　※選用無糖豆漿。
· 赤藻糖醇 …… 20g
· 雞蛋 …… 2顆

作法

1. 先將豆漿加熱，加熱同時加入赤藻醣醇，不需要煮滾，約熱到40度即可。
   ※先放涼，再進行作法2。

2. 把兩顆蛋打散，慢慢的將1加入蛋液中，然後過篩。

3. 把2裝入容器中，隔水加熱蒸8分鐘，取出後放涼即可。

*把豆漿加熱後，要放涼再加入蛋液放涼，不然蛋液一碰到熱豆漿很容易就熟了。

膳食纖維 **3.1**g｜含醣量 **1.2**g｜蛋白質 **21.1**g｜脂肪 **13.4**g｜熱量 **218**kcal

適合
類型

想吃甜

好水腫

壓力大

身體虛

經前怒

應酬族

便祕族

飯麵控

宵夜族

暴食族

Dessert 49.

豆渣酥餅

材料（2人份，約6塊）

· 黃豆 …… 100g
· 飲用水 …… 175ml
· 杏仁粉 …… 25g
· 小蘇打 …… 1g
· 酪梨油 …… 1ml
· 赤藻醣醇 …… 10g
· 黑芝麻 …… 少許

作法

1. 先將黃豆泡水約3小時，把水瀝乾，將浸泡完的黃豆放入食物處理機，分次加入水後打碎。
   ※大約打成有小顆粒的泥狀。

2. 將1放入碗中，加入杏仁粉、小蘇打粉、酪梨油和赤藻醣醇，最後加入黑芝麻，攪拌均勻。

3. 烤箱預熱200度，把攪拌好的麵糊壓成餅狀，放入預熱好的烤箱中，烤45分鐘即可。

適合
類型

想吃甜

好水腫

壓力大

身體虛

經前怒

應酬族

便祕族

飯麵控

宵夜族

暴食族

膳食纖維**15.7**g｜含醣量**29**g｜蛋白質**38**g｜脂肪**27.3**g｜熱量**543**kcal

Dessert 50.

毛豆
椰奶酪

材料（2人份）

· 毛豆仁 —— 80g
· 椰奶 —— 200ml
· 吉利丁片 —— 5g
· 赤藻醣醇 —— 20g

Tips

＊不喜歡椰奶的味道，也可
　以換成低糖或無糖豆漿。

作法

1. 將毛豆洗淨去皮，和椰奶一起放入
   食物調理機，均勻攪打。

2. 將吉利丁片泡入冷水後擠乾，把1放
   入小鍋中加熱，再把吉利丁片和赤
   藻醣醇加入鍋中攪拌。

3. 把2倒入準備好的容器，放入冰箱冷
   藏約3～4小時，即可完成。

營養師小叮嚀

椰奶在營養學分類
算是油脂類，沒有
乳糖，不用擔心會
拉肚子，飽足感也
很夠，購買市售椰
奶要注意，盡量選
擇添加物和含糖量
愈少的愈好。

想吃甜

好水腫

壓力大

身體虛

經前怒

應酬族

便祕族

飯麵控

宵夜族

暴食族

50道絕對吃飽的減醣食譜／

193

膳食纖維 **5.1**g｜含醣量 **14.7**g｜蛋白質 **11.9**g｜脂肪 **2.6**g｜熱量 **139**kcal

減醣各階段生活飲食紀錄表

　　我常說，要找到一個適合自己長久執行的健康飲食方式，其實是需要時間，慢慢調整嘗試跟覺察的，沒有辦法一蹴可及，也沒辦法一彈指就成功，畢竟我們都用自己最習慣的生活方式，過（胖）了這麼多年。

減重不是簡單的「少吃」和「多動」

　　門診常見到許多要瘦身的朋友們，常常會用每天早上脫光光量體重的方式，來評估檢視前一天自己做對還是做錯，只要體重一沒有掉，甚至還小幅上升，就開始產生懷疑自我的心態：「是不是該再少吃一點？」「早知道就不偷吃小餅乾，可是我也才吃兩片耶」，然後心情非常沮喪，產生自我批判，覺得好像幾天來的努力都因為自己不小心地犯錯而前功盡棄！還有一種情形是，沒來由地又變胖：「欸！奇怪了，明明昨天也沒吃甚麼特別的違禁品，可能這個方法不適合我吧？」然後就選擇放棄了。

　　其實，我還是要再次跟大家說明，人體的身體是很複雜的，並不是固定的方程式，往往不是1（努力控制飲食）＋1（努力運動）＝2（瘦身成功），有可能是A（少吃）＋B（多動）＋C（便祕）＋D（失眠）＋E（情緒差壓力大）＝F（體重停滯期）。

　　我常跟學生說，如果你的心情會因為每天站上體重機的那一刻而起伏，進而覺得很失敗想放棄，那乾脆不要量了，找一件現在可以穿，但是稍微有點合身的衣服褲子，一週套上去一次，去感覺自己的體型有沒

有稍微纖細一點，這樣就可以了。畢竟我們不是吃減肥藥，也不是做手術，是要找到最適合我們，可以正確且輕鬆快樂執行一輩子的健康方式，這個才是最重要的目標，而瘦身算是努力之下的附加獎勵。

與其記下體重，不如記下減醣的飲食和生活

除了用「穿合身褲子」的感覺來評估自己是否有成效之外，還有一個很實際的方式跟大家分享，就是專心地做紀錄，把焦點放在「是否有吃到足夠的蔬菜」、「是否有喝到足夠的水」，或是這個階段的減醣生活「是否可以讓我排便順暢」，該做的都做到，就可以往下一個階段邁進，而不要用體重做為評估判斷的依據，因為體脂計會騙你的！早上量、晚上量，都有差別，吃多、吃少、喝水量、排便量等等，都會影響，還有多喝水也會讓體脂肪上升；親愛的各位啊，別把減肥人生的主控權完全交給體脂機，測量一個大方向趨勢就可以了。

為此，避免大家在開始用減醣飲食進行減肥人生時太灰心，我設計了針對減醣飲食五階段的重點提示紀錄表，每個階段以四週為實行期，提示List中是每階段要遵守的基本原則，每天累積，一周最少要集滿50個勾、四週至少200個勾，做到了就可以往下一個階段邁進，或是你覺得目前效果已經有效，就可以持續留在這個階段執行，等到遇到體重停滯期再執行下一個階段。

這也是一個很人性化的方法，這是讓大家自我評估的方式，但不

是讓你拿來自我攻擊的Check List，不是要你找很難的階段，告訴自己說：「你看你連這個都做不到，還能做什麼！」這種貶低自我的話語，而是要你非常誠實的面對自己的現況，每個人的先天體質跟後天的生活環境，還有面對壓力的反應都不同，所以真的不需要跟別人比較。

如果你發現在這一階段很難集滿勾勾，那不妨讓自己休息幾天，回復到原本的飲食習慣，然後再回到上一個階段執行，集滿了勾勾，再往下一階段前進。

如果不小心破戒了一天，吃了一堆甜食、油炸、麵包等違禁品，也不用太過緊張，給身體一些時間代謝，而且，告訴大家一個身體的秘密，我們所有曾經累積過的正向努力，並不會白費，身體會幫我們記憶學習。你會在執行減醣幾週後，突然發現「**哇！我竟然沒那麼愛甜食了，好像口味漸漸開始改變，吃太多反而一下就膩了**」，這些都是身體給我們的正向回饋。因此，破戒大吃完就當那天是美食日吧！明天、後天再回到減醣軌道上就好。

〈第一階段〉均衡攝取期

□ 沒有甜食，且減少一半精緻澱粉量，改用全穀雜糧地瓜等來取代。

□ 增加蔬菜量。

□ 不吃油炸。

□ 有喝比以前多的水。

□ 排便次數或量比以前多。

□ 活動量比以前多。

□ 睡眠比之前熟睡。

□ 心情開心。

> 紅色為兩個勾勾，因為「減醣」和「多蔬菜」比重在整個減醣飲食階段是重點。

EX：

日期	打勾數	日期	打勾數	日期	打勾數

〈第二階段〉碳水減量期：每日醣質攝取150g

□ 沒有甜食，且一餐已經沒有飯、麵或麵包等精緻澱粉。

□ 一天吃到4~6份蔬菜。

□ 不吃油炸。

□ 有確實喝足夠的水。

□ 排便次數或量比以前多。

□ 活動量比以前多。

□ 睡眠比之前熟睡。

□ 心情開心。

EX：

日期	打勾數	日期	打勾數	日期	打勾數

〈第三階段〉積極燃脂期：每日醣質攝取110g

☐ 沒有甜食，且三餐已經沒有白飯、麵條和麵包等精緻澱粉，改用全
　 穀雜糧地瓜搭配花椰菜米、豆腐飯或蒟蒻麵替代。

☐ 一天吃到4~6份蔬菜。

☐ 不吃油炸物。

☐ 有確實喝足夠的水。

☐ 排便次數或量比以前多。

☐ 活動量比以前多。

☐ 睡眠比之前熟睡。

☐ 心情開心。

EX：

日期	打勾數	日期	打勾數	日期	打勾數

〈第四階段〉突破停滯期：每日醣質攝取75g

☐ 沒有甜食，無精緻澱粉，也減
  少根莖類澱粉，全改用花椰菜
  米、豆腐飯或蒟蒻替代。

☐ 一天吃到4~6份蔬菜。

☐ 不吃油炸。

☐ 有確實喝足夠的水。

☐排便次數或量比以前多。

☐ 活動量比以前多。

☐ 睡眠比之前熟睡。

☐ 心情開心。

營養師小叮嚀

第四階段執行一週，就要回到第三
階段。當執行超過至少12週，走
完四個階段，且身型回到自己喜歡
的標準時，可選擇第五階段執行，
甚至回到第二階段或第一階段都是
可以的，別忘了，每週還是選一天
美食日，讓自己放鬆。

EX：

日期	打勾數	日期	打勾數	日期	打勾數

需要回到〈第二階段〉／〈第三階段〉的狀況check

　　如同前面所說的，維持健康、均衡的減醣飲食生活時，有很多因素會影響你，就算已經順利地讓身形達到自己想要的目標，也已經了解怎樣吃才對身體有幫助，但是，你還是會有可能不小心又要開始重蹈覆轍，開始一點一滴地回到過去的錯誤飲食選擇，以下就是給自己的評估表，如果出現這些狀況，可以回到階段一、二、三，讓自己再次重新回到減醣飲食的軌道上。

- 除了美食日，平常也會忍不住想買含糖手搖飲來喝。
- 辦公室、家裡、包包中，開始出現餅乾、零食。
- 一個禮拜有兩天早上賴床、爬不起來，有超過三天晚上睡不好。
- 胃痛、胃食道逆流出現的次數變多了。
- 聚餐或應酬完後，常覺得吃太飽不舒服。
- 熬夜次數增加。
- 便祕次數增加，或是排便不順。
- 水腫的情況又出現了。
- 美食日增加為兩天以上，且常常想大吃。
- 體重／體脂／內臟脂肪增加。

　　減醣飲食是一個讓你不僅可以輕鬆維持，且讓身心都愉快的生活態度，如果發現自己開始有以上這些生活狀況，也不用緊張，覺得自己又要走回老路；你已經了解如何選擇對身體有益的吃法，現在就再稍微提醒自己一下。記得喔，飲食不只影響生理，也會影響心理，相對的，只要吃對正確的食物，你一定能很快就再次感受到能做出正確選擇的自己有多棒！

好健康 015

營養師的減醣生活提案

獨家限醣5階段×8大肥胖案例破解×50道減醣家常菜，
打造不失敗的瘦身計畫

作者：趙函穎
料理示範：Winnie范麗雯
食譜攝影：宇曜影像有限公司
人物攝影：比琺時尚藝術
人物梳化：比琺時尚藝術
責任編輯：賴秉薇
封面設計：比比司設計工作室
內文排版：比比司設計工作室

總　編　輯／林麗文
副　總　編／梁淑玲、黃佳燕
主　　　編／高佩琳、賴秉薇、蕭歆儀
行銷企劃／林彥伶、朱妍靜

社　　　長：郭重興
發　行　人：曾大福
出　　　版：幸福文化/遠足文化事業股份有限公司
地　　　址：231新北市新店區民權路108-1號8樓
粉　絲　團：https://www.facebook.com/Happyhappybooks/
電　　　話：（02）2218-1417　傳真：（02）2218-8057
發　　　行：遠足文化事業股份有限公司
地　　　址：231新北市新店區民權路108-2號9樓
電　　　話：（02）2218-1417　傳真：（02）2218-1142
電　　　郵：service@bookrep.com.tw
郵撥帳號：19504465
客服電話：0800-221-029
網　　　址：www.bookrep.com.tw
印　　　刷：通南彩色印刷有限公司
電　　　話：(02)2221-3532
法律顧問：華洋法律事務所　蘇文生律師
初版十刷：西元2023年3月
定　　　價：399元

Printed in Taiwan

國家圖書館出版品預行編目資料

營養師的減醣生活提案：獨家限醣5階
段×8大肥胖案例破解×50道減醣家
常菜，打造不失敗的瘦身計畫/趙函穎
著；--初版.-新北市：幸福文化初版；
遠足文化發行, 2019.05 面；公分
ISBN 978-957-8683-50-1
1.食譜 2.減重
427.1　　　　　　　　　108006947

23141

新北市新店區民權路108-4號8樓

遠足文化事業股份有限公司　收

幸福文化　　書 名 營養師的減醣生活提案　　書 號 0HDA0015

讀者回函卡

感謝您購買本公司出版的書籍，您的建議就是幸福文化前進的原動力。請撥冗填寫此卡，我們將不定期提供您最新的出版訊息與優惠活動。您的支持與鼓勵，將使我們更加努力製作出更好的作品。

讀者資料

●姓名：＿＿＿＿＿＿＿　●性別：□男　□女　●出生年月日：民國＿＿年＿＿月＿＿日

●E-mail：＿＿＿＿＿＿＿＿＿＿＿＿＿＿＿＿＿＿＿＿＿＿＿＿＿＿＿

●地址：□□□□□＿＿＿＿＿＿＿＿＿＿＿＿＿＿＿＿＿＿＿＿＿＿＿

●電話：＿＿＿＿＿＿＿＿＿　手機：＿＿＿＿＿＿＿＿＿　傳真：＿＿＿＿＿＿＿＿

●職業：　□學生　　　　□生產、製造　　□金融、商業　　□傳播、廣告
　　　　　□軍人、公務　□教育、文化　　□旅遊、運輸　　□醫療、保健
　　　　　□仲介、服務　□自由、家管　　□其他

購書資料

1.您如何購買本書？□一般書店（　　　縣市　　　書店）
　　　　　　　　　　□網路書店（　　　　書店）　□量販店　□郵購　□其他

2.您從何處知道本書？□一般書店　□網路書店（　　　　書店）　□量販店　□報紙□
　　　　　　　　　　廣播　□電視　□朋友推薦　□其他

3.您購買本書的原因？□喜歡作者　□對內容感興趣　□工作需要　□其他

4.您對本書的評價：（請填代號 1.非常滿意 2.滿意 3.尚可 4.待改進）
　　　　　　　　　□定價　□內容　□版面編排　□印刷　□整體評價

5.您的閱讀習慣：□生活風格　□休閒旅遊　□健康醫療　□美容造型　□兩性
　　　　　　　　□文史哲　□藝術　□百科　□圖鑑　□其他

6.您是否願意加入幸福文化Facebook：□是　□否

7.您最喜歡作者在本書中的哪一個單元：＿＿＿＿＿＿＿＿＿＿＿＿＿＿＿＿＿

8.您對本書或本公司的建議：＿＿＿＿＿＿＿＿＿＿＿＿＿＿＿＿＿＿＿＿＿

＿＿＿＿＿＿＿＿＿＿＿＿＿＿＿＿＿＿＿＿＿＿＿＿＿＿＿＿＿＿＿＿＿＿＿

＿＿＿＿＿＿＿＿＿＿＿＿＿＿＿＿＿＿＿＿＿＿＿＿＿＿＿＿＿＿＿＿＿＿＿

＿＿＿＿＿＿＿＿＿＿＿＿＿＿＿＿＿＿＿＿＿＿＿＿＿＿＿＿＿＿＿＿＿＿＿

＿＿＿＿＿＿＿＿＿＿＿＿＿＿＿＿＿＿＿＿＿＿＿＿＿＿＿＿＿＿＿＿＿＿＿

＿＿＿＿＿＿＿＿＿＿＿＿＿＿＿＿＿＿＿＿＿＿＿＿＿＿＿＿＿＿＿＿＿＿＿

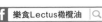

都會美型必備

高纖輕生活

讓你健康每一天的纖食主張